北京·设计

北京勘察设计行业发展报告

(2010—2011)

BEIJING SHEJI

BEIJING KANCHA SHEJI HANGYE FAZHAN BAOGAO

(2010—2011)

北京市勘察设计与测绘管理办公室 编

中国城市出版社
·北京·

图书在版编目(CIP)数据

北京·设计 ：北京勘察设计行业发展报告 ：2010～2011 / 北京市勘察设计与测绘管理办公室编 . —北京 ：中国城市出版社，2011.8
ISBN 978-7-5074-2479-9

Ⅰ. ①北… Ⅱ. ①北… Ⅲ. ①建筑设计－研究报告－北京市－2010～2011 Ⅳ. ①TU19

中国版本图书馆 CIP 数据核字 (2011) 第 150113 号

责任编辑　宋　凯
封面题字　宣祥鎏
封面设计　今朝设计_司俊平
责任技术编辑　张建军
出版发行　中国城市出版社
地　　址　北京市海淀区太平路甲 40 号（邮编　100039）
网　　址　www.citypress.cn
发行部电话　(010) 63454857　63289949
发行部传真　(010) 63421417　63400635
发行部信箱　zgcsfx@sina.com
编辑部电话　(010) 52732085　52732055　63421488(Fax)
投稿信箱　city_editor@sina.com
总编室电话　(010) 52732057
总编室信箱　citypress@sina.com
经　　销　新华书店
印　　刷　北京新华印刷有限公司
字　　数　242 千字　　印张 12
开　　本　889×1194（毫米）　1/16
版　　次　2011 年 8 月第 1 版
印　　次　2011 年 8 月第 1 次印刷
定　　价　128.00 元

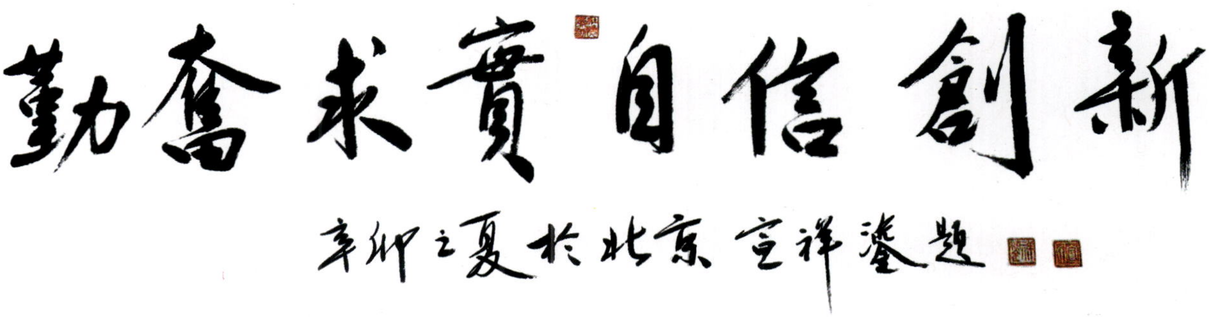

原首都规划委员会副主任兼秘书长宣祥鎏为北京市勘察设计与测绘管理办公室题字

《北京·设计：北京勘察设计行业发展报告(2010—2011)》

编写委员会

《北京·设计：北京勘察设计行业发展报告(2010—2011)》编辑部

Preface
前言

北京勘察设计行业作为首都建设发展过程中的一支重要力量，伴随着首都的辉煌成长轨迹而日趋成熟。为了准确地把握北京勘察设计行业脉动，翔实记录行业发展足迹、荟萃年度成果、展现行业风采，并为相关领导和企业发展、决策规划及行业管理工作提供参考和依据。同时，也为社会各界了解和研究北京勘察设计行业状况提供基础性资料，我们编辑出版了这本《北京 · 设计 ：北京勘察设计行业发展报告（2010—2011）》（以下简称《发展报告》），并希望以此作为系统研究本市勘察设计行业发展情况的开端。

本《发展报告》旨在加强研究、增进交流、彰显成就、扩大影响。《发展报告》内容包括发展研究、统计资料、优秀展示、大事记等章节，是对 2010 年度北京勘察设计行业的宏观发展态势和取得成就的总结及 2011 年的展望。

本《发展报告》面向全国公开出版发行，同时向北京市政府相关职能部门、勘察设计单位及同业协会广泛赠阅。为了响应国家节能减排的号召，本报告将附录中的文件资料编入光盘，以电子版形式发行，以节约资源、降低纸张消耗。可以说，本《发展报告》是外界了解北京勘察设计行业现状和未来发展方向的最佳窗口。

2011 年，时逢 “ 十二五 ” 开局，是继往开来的关键时刻。北京市规划委员会把加强行业研究、扩大行业宣传、凝聚行业力量作为重点工作来抓。经过广泛调研、充分听取意见，最终决定启动《北京 · 设计 ：北京勘察设计行业发展报告（2010—2011）》的编撰工作，将其作为 2011 年北京勘察设计行业系列研究成果中的一个重要组成部分。

本《发展报告》在北京市规划委员会的领导下，由北京市勘察设计与测绘管理办公室编写，北京工程勘察设计行业协会和《工程建设与设计》杂志社承编。在编撰过程中，得到各位领导和各方的热情指导和帮助，原首都规划委员会副主任兼秘书长宣祥鎏为本书题写了书名。报告编撰工作也得到了在京勘察设计单位、社会研究机构的支持和积极响应，中建北京国际设计顾问有限公司为报告的出版提供了大力支持。在编撰过程中，更在此一并表示感谢。

由于本《发展报告》是首度编辑发行，因此肯定会存在或多或少的遗憾，希望各界朋友不吝赐教，多提宝贵意见和建议，使其日臻完善。希望本《发展报告》的编撰开个好头，迈出第一步。在今后的工作中，我们将不断改进、充实、完善，并坚持下去，真实记录下首都勘察设计行业发展的足迹。这也是我们这个蓬勃发展的时代交付给我们的历史使命。

Development
第一部分
发展研究

Contents
目次

001 第一部分 发展研究 Development

003 陈刚副市长在2010年北京市勘察设计测绘行业工作会暨首届城市规划设计论坛上的讲话
009 黄艳主任在2010年北京市勘察设计测绘行业工作会暨首届城市规划设计论坛上的讲话
013 2011北京市勘察设计行业发展的现状与走势评析
030 北京工程勘察设计行业协会行业调研交流报告
035《北京市勘察设计测绘高新技术企业政策研究》调研报告
042 境外设计企业进入我国市场对策与政策的研究报告

057 第二部分 统计分析 Statistical Analysis

059 统计资料
060 2006年—2010年北京市勘察设计行业企业资质发展情况
061 2006年—2010年北京市勘察设计行业注册登记类型发展情况
062 2006年—2010年北京市勘察设计统计年报行业分析行业人员发展情况
064 2006年—2010年北京市勘察设计统计年报行业分析行业业务完成发展情况
066 2006 年—2010年北京市勘察设计统计年报行业分析行业科技活动发展情况
067 2006年—2010年北京市勘察设计统计年报行业分析行业营业收入发展情况

069 2006 年—2010 年北京市勘察设计统计年报行业分析行业财务发展情况
070 2010 年北京市勘察设计行业施工图设计文件审查数据表
070 2010 年北京市勘察设计行业继续教育培训总体情况表

071 排行榜
071 2010 年北京市工程勘察设计企业营业收入前 20 名排序
072 2010 年北京市工程勘察设计企业勘察设计收入前 20 名排序
073 2010 年北京市工程勘察设计企业营业税金及附加前 20 名排序
074 2010 年北京市工程设计企业营业收入前 20 名排序
075 2010 年北京市工程勘察企业营业收入前 20 名排序
076 2010 年北京市工程勘察设计行业专项企业营业收入前 20 名排序
077 2010 年北京市工程设计与施工一体化企业营业收入前 20 名排序
078 北京工程设计综合资质企业名单

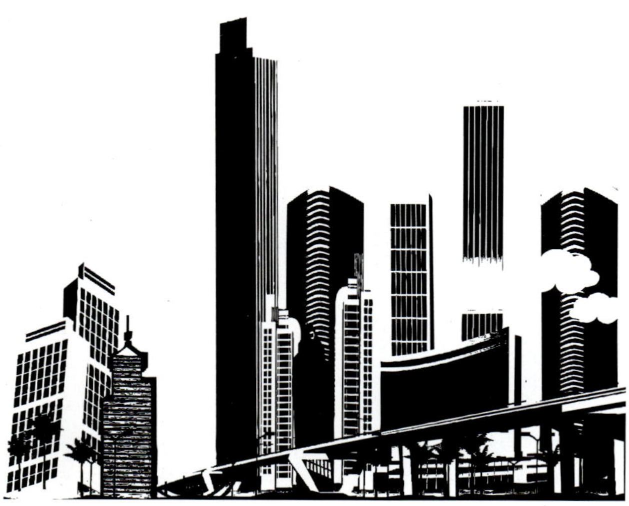

079 第三部分 优秀展示 Excellent Show

081 行业人物
081 北京市勘察设计行业两院院士名录
082 北京勘察设计行业全国勘察设计大师名录
087 北京勘察设计行业两院院士及中国勘察设计大师简介

111 优秀工程
111 2009 年度全国优秀工程勘察设计行业奖北京勘察设计行业获奖项目表
121 首都第十七届城市规划建筑设计方案汇报展获奖名单
159 第七届青年规划师建筑师演讲比赛获奖名单（规划组）
160 第七届青年规划师建筑师演讲比赛获奖名单（建筑组）
161 北京勘察设计行业 2010 年企业获奖汇总表

175 第四部分 大事记 Events

陈刚副市长在2010年北京市勘察设计测绘行业工作会暨首届城市规划设计论坛上的讲话

去年以来，北京市勘察设计测绘行业单位，紧紧围绕“保增长、保民生、保稳定”的各项工作，积极应对挑战，取得了较好的成绩。很多单位和个人获得各种奖项，我印象最深的是民生工程，特别是保障性住房、轨道交通、桥梁、大型基础设施、供电、供热等市重点工程，行业发挥了积极的作用，时间紧，任务重，取得了很好的成绩。特别要强调的是，包括汶川地震在内，北京以及全国一些地区发生了自然灾害，北京市的勘察设计测绘行业几乎是第一时间到达现场，开展援建，在北京市委、市政府的领导心中留下了非常深刻的印象。在此，我代表市政府，对勘察设计测绘行业的同志们取得的成绩、做出的贡献表示衷心的感谢！

今天，我们很荣幸地请到了住房和城乡建设部仇保兴副部长。仇部长给我们做了一次非常精彩、高水平的学术报告，介绍了低碳生态城市。这对北京市当前和今后一个时期的工作，具有非常重大的意义，我们一定要认真学习，不断改进工作。借这个机会，我代表市政府，对建设部和仇部长对北京市各项工作的关心、支持，表示衷心的感谢！

下面，我简要讲几点意见：

一、深刻认识形势，进一步增强规划设计工作的历史责任感和现实紧迫感

规划设计直接关系城市形象、城市功能，对推动首都建设发展具有重要的引领作用。改革开放，特别是奥运会筹办以来，通过体制改革和机制创新，全市勘察设计测绘行业取得了快速发展。目前，行业单位有1 134家，涵盖了21个行业，8个专项，形成了专业齐全、体制多样的队伍结构。从业人员达到10万余人，规模非常大。北京得天独厚，有大量的中央企业。勘察设计大师超过了全国总量的1/4，一级注册建筑师占全国的1/5，一级注册结构工程师占全国的1/6，人员素质、技术水平与装备都是全国领先的。市场化改革取得巨大成效，2009年，全行业营业收入达到了1 266亿元，人均125万元，这个成绩在全国都是领先的，分别是2002年的7.5倍和4.2倍。勘察设计质量和水平不断提高，从设计理念、设计技术与程序，到设计作品，正在加快融入世界的潮流，涌现出鸟巢、水立方、T3航站楼、首都博物馆新馆等一大批兼顾民族传统、地方特色和时代精神的建筑精品。

当前，首都经济社会发展已经进入了全面建设现代化国际大都市的新阶段。面对我国国情国力和国际地位的新变

陈刚副市长在2010年北京市勘察设计测绘行业工作会暨首届城市规划设计论坛上做重要讲话

化，面对首都在国家工作大局中所承担的重要任务，面对推动首都科学发展、促进社会和谐的历史责任。市委市政府提出，要以更高的标准贯彻落实城市总体规划，从建设世界城市的高度提高科学发展水平、规划建设的服务水准，加快实施 “ 人文北京、科技北京、绿色北京 ” 发展战略，在更高的起点上建设 “ 繁荣、文明、和谐、宜居 ” 的首善之区。

世界城市的概念，在2004 版的北京城市总体规划中就已经提出了。当前，特别是2008 年奥运会成功举办和金融危机之后，从世界经济、社会、政治的格局来看，我们国家大国地位的提升，对国际事务的责任和参与度大大超过了原来的预想。作为这么一个大国的首都，国际关注度、参与度、国际化程度大大提升，建设世界城市已经是非常紧迫的问题。当然，建设世界城市的内涵要以科技、绿色、人文三大理念来贯穿。现在，北京城市建设很小的问题，国际媒体都会大量的报道，包括对我们的建筑非常关注。

刘淇同志在前不久召开的半年经济分析会上讲，北京建设世界城市，不是简单地模仿已有世界城市的形态和发展路径，而是要立足与首都的功能定位，着眼于提高 “ 四个服务 ” 的水平，按照科学发展观的要求，积极借鉴其他世界城市发展建设的成功经验，努力将北京建设成充分体现人文、科技、绿色特征的中国特色世界城市。刚才，仇部长讲低碳生态城市建设，北京在这方面无论是奥运会，还是城市总体规划，这都是我们一项非常重要的内容，国务院对北京总规的批复也讲到北京要建宜居城市的典范，其中对绿色生态提了很高的要求。这么一个背景下，勘察设计测绘行业有更高的目标、任务和要求。在取得巨大成绩的同时，我们还有差距和不足：设计单位水平参差不齐，有些单位忽视设计品质，具有影响力的精品不多；科技创新意识不够强，自主创新能力还比较弱；体制机制创新还有差距，一些企业市场竞争力比较弱；以设计咨询为龙头的走出去发展战略进程缓慢；市场监管力度还不够大，部分执业人员业务能力和责任意识还有待提高。

这两年，市委市政府主要领导带领各部门、各区县领导分别去了长三角、珠三角和京津冀地区的一些省市、城市学习考察。这次出去一看，吃了一惊。很多城市，如唐山、廊坊、天津及苏锡常那一带，还有上海、广州变化极大。实际上，我们是走马观花，看城市形象，看建筑，人家的房子设计得很好。不客气地讲，北京住宅设计的水平，这些年没什么提高，有的在退步。住宅设计要细抠，怎么优化功能、人性化设计。这几年，住宅的建设量翻了好几番，但是水平从外形到功能不够好，与其他城市住宅设计的差距很大。我们的设计大师、一级注册建筑师那么多，是不屑于干住宅，还是住宅要求时间太紧、没有时间做，还是责任心不够，希望大家一起反思。现在，北京政府大量投资于高架桥、供电设施、地铁等基础设施领域。但是，这些领域的设计在城市景观、功能性、精度等方面考虑不够；对垃圾厂、变电站等不重视、不认真设计。苏州开发区的建筑和厂房设计得非常好，还有很多城市的灯光设计也很讲究。北京有大量的桥梁和柱子，我专门安排建设单位去迪拜学习人家的柱子是怎么设计的，我们有时候就是不动脑筋，认为这是提高造价。现在，市民对城市的要求很高。还有传统建筑风格的传承、探索、创新不够。在20 世纪五六十年代，老一辈设计师对传统建筑的探索非常成功，为北京创造了一批精品。改革开放以来，北京的建筑师和规划师也没有停止这方面的探索。但最近，我感觉力量弱了，在历史地区、历史地段和历史的建筑设计中投入不够，看看旧城里翻建的、新建的建筑，对传统的考虑、文化的传承不够，几乎没有什么像样的作品，也看不到大设计单位关注。北京作为首都，全国人民都关注，世界也关注，作为首善之区的勘察设计测绘行业，要不断地总结情况，查找并解决问题。

二、突出首都特色，加快宜居城市的建设

（一）大力加强绿色建筑设计，推进住宅产业化发展

一是要提高对做好建筑节能和推广绿色建筑工作重要性的认识。建筑节能与推广绿色建筑是建设世界城市和宜居城市的基础。通过努力，北京市的建筑节能工作取得了很大成绩，为提升首都城市品质、圆满完成奥运、完成全市节能减排目标做出了重大贡献。到 2009 年，全市建成节能居住建筑 27 695.3 万平方米，占全部居住建筑的 74.2%，建成节能民用建筑 33 433.99 万平方米，占全部民用建筑总量的 55.18%。节能建筑的数量与比重居全国大城市首位，绿色建筑数量和可再生能源建筑应用的技术水平也居国内前列。率先实现节能 65% 的居住建筑设计标准，但应该看到，北京市新建建筑节能设计标准的能耗还只相当于欧美发达国家 20 世纪 90 年代的水平。勘察设计行业贯彻可持续发展战略的意识还不够高，缺乏有力措施，设计师与开发商之间并未建立起良性互动的机制，一些有为的建筑师也难以发挥作用。要从意识到方法寻找解决途径，要使勘察设计真正成为建筑节能的龙头和灵魂。

二是加快建筑节能与绿色建筑设计标准的制定，为实现“十二五”建筑节能目标提供支撑。要通过制定绿色建筑、绿色居住小区和绿色商务小区的设计、评估标准，促进节能、节地、节水、节材、环保技术的集成。同时要加强对可再生能源建筑应用、农村建筑设计标准、通用图集的研究，促进新能源应用和新农村建设的健康发展。

北京要抓一些典型。一个是首钢，首钢本身就是北京市结构调整节能减排的典范，由传统的高耗能炼钢产业转为文化创意产业，最关键的是生态绿色，由过去重污染的地区变为绿色生态的示范区。现在正在做规划概念设计，要恢复永定河作为北京母亲河自然绿色生态的屏障。另外，是 CBD 和一些新城的建设，这些建筑的高密度地区都是能耗大户，现在世界 CBD 的发展趋势，像东京的新宿地区超高层建筑节能降耗的水准很高，而且它单位面积和人均耗能比其他低密度建筑的耗能低得多。我们的 CBD 每个楼顶一个风机，这个办法不行，越是高密度地区的建筑越要把节能降耗做好。最近，北京市建筑设计研究院要在延庆搞一片生态示范区，进行包括居住区的探索。北京现在是全国单位 GDP 能耗最低的，要多抓几个典型，搞点样本出来。

三是推进住宅产业化的发展。加快住宅产业化，有利于提升住宅产品的品质和生产效率，降低资源消耗，改善人居环境，促进产业结构调整和房地产健康发展，是住宅建设发展的趋势。现在，每年大量的住宅建设，基本都是传统施工办法，对城市的污染，对节能降耗和住宅质量的保证都不利。实施产业化，很多构件标准化制造，在工厂做完直接拉到工地，时间短，污染小，能耗小，精度高，和现场作业现浇的做法完全不一样。最近，市住建委和市规划委正在出台有关政策。在此，特别呼吁各位建筑师积极探索、支持住宅产业化。

（二）突出首都特色，传承古都风貌，提升建筑品位和设计水平

北京的建筑设计规划要突出文化特点，特别是既传承又要创新；既继承又要发展；既保护好古都风貌，又创造具有时代特征、体现时代特点的现代优秀建筑，打造北京特有的“城市名片”，克服“千城一面”的规划设计。创新设计模式，传统的设计模式是由少数专业构成的，专业之间条块分割，各专业缺乏对建筑整体效果的关注，这种模式具有很大的局限性、束缚性和制约性，打破传统的设计模式，就是每个专业都要从建筑全寿命周期出发，都要为建筑整体品质服务，各专业之间需要有分工，又要密切配合，并将规划设计服务范围向产业链的上下游扩展，对社会发展与项目开发、生活空间与生活品质、城市园林与建筑、形体与功能、室内与室外、灯光、标识、艺术策划、节能等多学科进行整体的研究和一体化的设计，形成高品质的城市空间，产生高质量的设计作品。

过去设计房子就是几个专业方案一搭配，现在的建筑，特别是重要的功能性、标志性建筑，对各方的要求都很高。比如，小到灯光夜景设计，过去是照度概念，没有景观概念，通过奥运会才发现我们这个领域很弱。生态低碳要贯彻建筑的全过程，设计、材料、施工等都要贯彻。要继续坚持开放设计，提高与国际同行同台竞技的水平。刘淇书记多次提出，要请国际一流的专家参与北京的规划设计工作。市规划委要从建设世界城市的目标出发，坚持开放的思路，组织好各类规划编制、城市设计和设计方案的制定和实施。各类规划和设计都要坚持公开、竞争、择优的原则，选择有水平、有能力的单位和世界顶尖的专家和技术人才来承担，确保体现高水平、高标准的国际视野，成为精品和世界一流的规划设计。

在奥运工程中，我们引进国际级专家参与规划设计，与国内设计师一起设计出了鸟巢、水立方等重要建筑。国内的设计师也从国外设计师身上学到了很多经验，提高了设计水平。今后要进一步扩大对外开放，引进国内外优秀人才参与北京的建设。年初，市规划院在通州规划设计过程中，引进了国外的专家与规划院的技术人员混合编队，一起工作，共同设计，不同的理念和工作方式互相融合、互相学习、互相碰撞，取得了很好的效果。从改革开放之初，就是洋设计多，洋单位多，直接请他们来搞设计，我们现在提倡把国外的著名设计师、设计专业人才引入到设计院来混合编队做设计，最好能较长时间的在一起工作。解放初，我们请了大量的苏联专家和我们一起联合工作的模式是最好的。前一阶段，都是买人家的作品。今后，要更多地鼓励国外的优秀人才与我们的设计人员混合编

队，这对提高我们的设计水平将起到很大的作用。

（三）突出和谐社会建设，做好民生工程、民心工程的规划设计

一是高度重视政策性住房的规划设计。商品房是开发商作为业主，为了市场销售，对设计的要求较高。保障性住房是政府作为业主，建设量非常大，在施 3 000 万平方米，我很担心。前不久，我要求市规划委在规划展览馆展出了 40 多个保障性住房规划设计方案，让老百姓挑毛病，发现了很多问题。设计人员对住宅设计不太重视，对保障房的设计尤其做得不够。山西大同保障房做的水平相当高，你们去学学大同，外形、环境、功能设计都有很多改进的地方。建成的房子户型确实很小，越小越体现我们的设计水准，老百姓屋里拥挤不堪，我们心情很沉重。这要求我们要有高度的政治责任感，建筑师要有职业道德，要用高尚的情操来设计，才会有好作品，如果稍微粗心一点房子就很不好用。所以，我们多次打回政策性住房的设计方案，公开曝光，让群众评议，就是为了提高水平，对人民负责。

二是加强轨道交通的规划设计。今年在施的有 207 千米的轨道线路，要竣工 5 条共 100 千米长的地铁。地铁施工周期至少四年，我们两年干完，这首先要感谢大家。当初设计采取了一些打破常规的办法，上千名设计师同吃同住搞设计，三个月完成，大大地节省了时间，综合设计、车站、景观环境、流线各方面功能设计得不错。但地铁设计还要

2010 年北京市勘察设计测绘行业工作会暨首届城市规划设计论坛

加强，我们请李兴钢做了几个车站的设计，大家千万不要忽视车站，这是城市的名片和客厅，一条线人流量几十万人，这些功能区域特别需要建筑师关注。

三、创新体制机制，加强人才培养，为繁荣建筑创作提供良好环境

一是继续深化勘察设计单位的体制改革。按照国办发 101 号文确定的改革目标和原则，继续深化国有大型勘察设计单位公司制、股份制改革，加快建立健全现代企业制度，大中型勘察设计单位参照国际通行的工程公司、工程咨询设计公司等模式改造，成为能够适应市场经济要求的法人实体和市场主体。探索适合勘察设计单位特点的股权管理制度，促使中小型勘察设计单位尽快改建为工程咨询设计公司、设计事务所等各类专业公司，形成自己的技术优势和专长，满足建设市场的不同需求的格局。

二是加快企业管理创新和能力再造。各行业单位要认真分析发展环境的变化和自身的发展条件，解决好企业未来的发展定位问题，力争形成企业特有的竞争优势。要特别注重提高企业自主创新的能力。

三是支持企业加强中外合作，参与国际市场竞争。现在北京市的施工企业和几个大央企 “走出去” 的战略相当好，成绩喜人，我们的造价、施工进度、质量在国际上具有相当大的竞争力，加上近几年重大建筑的品牌效应，市场非常好。而且施工带动了建筑材料的出口。但是设计还不行，我们援建的项目是国内设计的，公开招投标设计现在还非常难，要有信心和决心走出去。

四是着力培养高素质的人才。勘察设计是把科学发展观落实到投资运作全过程的重要载体，对提高投资效益、优化重大布局、调整产业结构、保护生态环境、发展循环经济等方面具有引领作用，而勘察设计人员的水平和能力、设计理念的先进与作用的发挥决定着勘察设计的质量水平。因此，要从市场需要出发，结合本单位自身的特点，不断探索人才引进的思路和途径，在引进人才的同时，不断加大投入，加强对年轻设计师的职业道德教育和业务培训，使设计人员得到学习和锻炼的机会。

现在中国是最大的设计市场，北京又是中国设计市场里最重要的一部分，不但量大，而且影响大，我们要培养一批这个时代的设计大师，特别是年轻大师，鼓励优秀人才、年轻人脱颖而出，多出承担重任的人才。

五是要进一步解放思想，创新管理的理念、机制和方法。行业行政主管部门要加强勘察设计测绘质量和市场的监督管理，规范勘察设计测绘行业行为和市场秩序，为繁荣首都建筑艺术创作，为设计人才的健康发展提供公开、公平、公正的政策环境和市场竞争环境。

同志们，市委市政府已经给我们提出了明确的工作目标，希望同志们增强责任感，本着对历史、对社会、对人民高度负责的态度，高起点规划，高标准设计，切实提高规划设计的质量和水平，勇敢地担当起建设世界城市的重任，为建设 “人文北京、科技北京、绿色北京” 做出新的更大的贡献。

谢谢大家。

（根据会议速记整理，未经本人审阅）

黄艳主任在2010年北京市勘察设计测绘行业工作会暨首届城市规划设计论坛上的讲话

今天我们在这里召开北京市勘察设计测绘行业的年度工作会，主要的任务是分析我们面临的新形势，总结前一段的工作，部署今后一个时期的工作任务，会后大家要认真贯彻落实好会议的精神。

一、前段时间全市勘察设计测绘行业的重点工作

从去年到今年上半年，北京市的勘察设计和测绘各单位的同志们积极克服困难，主动迎接金融危机带来的挑战，在逆境中求发展，求创新，行业整体的发展情况是良好的，为首都的经济社会平稳较快发展做出了自己的贡献，也为北京城市的健康发展和城市的品质、质量的提高做出了贡献。今年以来，各单位积极围绕市委、市政府的中心工作，抓住提高工作水平这条主线，促进行业工作朝着市场规范、质量提升、技术进步、创作繁荣等方向健康发展。

（一）加强了对行业招投标活动的监督管理

按照市委、市政府进一步简化行政审批事项、梳理调整现行审批程序的要求，我们积极研究完善勘察设计招投标工作机制，规范招投标程序，同时强化了对招投标的整个监管。一是促进了招投标备案工作“绿通机制”常态化。认真总结去年以来一些重要项目、绿通项目的经验和规律，在此基础上，实现绿通的机制常态化，我们现在的勘察设计招投标是备案制度。二是加强对重点工程和重点项目的主动服务。集中力量，统一部署，全程督办，重点加强对市政府投资项目招投标活动的监管，加强对重点工程、重点项目招投标工作的服务，本着特事特办、急事急办的原则，在合法合规的前提下，创造条件提前开展招投标活动。为轨道交通建设、政策性住房、中小学校舍安全工程等重点项目的顺利实施提供了及时服务，提高了效率。

比如说，最近大家都关注的CBD核心地区的土地出让招投标的工作中，按照市委、市政府的指示，我们会同了相关部门，国土局、商务局等，创新了土地的出让方式，将土地的招标、规划方案的招标、产业项目的招标三标合一，按照竞方案、竞实力、竞限价的原则进行土地的出让。规划设计招标是先行的，参加土地招标的单位61家，参与方案征集的设计单位有57家，总体规划招了79个方案，单体方案招了200多个。为了保证评审过程的客观、公正，我

黄艳主任在 2010 年北京市勘察设计测绘行业工作会暨首届城市规划设计论坛上讲话

委会同市国土局、市商务中心管委，统筹多方力量，周密安排部署，在市监察局和市公证处的全程监督下，在规划师协会、建筑师协会推荐的专家库中，随机抽取专家进行评审，最大限度地避免了人为因素的影响。评选出的优秀方案汇集了当今世界优秀设计师的思想和灵感，为将来核心区的建设提供了许多有益的经验和启发。

（二）提高了市场的开放程度和引智水平

刘淇书记指出，要顺应国情国力新变化及其对首都工作提出的新要求，以国际城市的高端形态来谋划工作，大力提高首都的国际化水平。要坚持公开、竞争、择优的原则，选择有水平、有能力的单位来承担首都的规划设计，确保体现出高水平、高标准和国际视野，要求我们用最高水平和世界先进的队伍来完成首都的规划设计工作。

今年，我们进一步加大了市场开放的程度，在很多城市公共环境的营造，在通州现代国际新城的建设、奥体文化商务园区的规划，还有丽泽商务区、首钢、大望京等这些重要的地区和重大的项目中积极借助全世界、全国的资源，邀请知名学者、专家联合开展工作，多方参与首都的规划设计。在通州新城规划建设中，我们建立了更加开放的制度和平台，在更大范围内引进了国内外最优秀的专家和团队共同参与。3 月份，我们举办了“北京市通州国际新城规划论坛”，邀请了规划设计、建筑设计、交通、市政规划、环境规划等相关领域的 13 位国外专家和 20 位国内专家，共同来研讨怎么样以一个新的规划理念来指导通州国际新城的建设，全面落实以人为本、低碳、生态等科学发展的理念。5 月份，我们邀请了 8 位相关领域，以及不同资源的国外著名专家到京，与国内的团队和专家一起组成了一个联合编队，共同开展通州运河核心区的设计深化工作，在理念上和实施方式上有一个新的水平。

（三）突出抓了勘察设计质量监管

一是抓好政策性住房的规划设计。政策性住房关系到民生、关系到社会和谐稳定、关系到整个城市发展的质量，是今年以及今后很长一段时间市委、市政府的重点工作，为了尽快推进全市政策性住房的建设，确保市委、市政府提出的两个 50%，用地的 50% 和建筑规模的 50% 都要投向政策性用房，所以新开工的各类政策性用房大概要到 13.6 万套，竣工交付达到 4.6 万套的规模。我们下发了很多规范、指导性意见，和市住建委一起编制了标准图集，还有指导性的技术导则，共同提高了政策性住房的规划设计质量。为了凝聚专家和广大市民的意见、建议，我们在 7、8 月份会同相关部门共同组织了近期的政策性住房项目的评选和展览，近期将开工的 16 个区县的 40 多个项目参加了评选，涉及了廉租房、经济适用房、两限住房、公租房等各类政策性住房，让专家共同把关提意见，40 多个项目在专家的指导和市民的建议下，规划设计质量大幅度提高。对下一步的建设我们也提出了要求，目标是要提高政策性住房的建设规划设计水平，让老百姓住得安心、放心、舒心，让这些政策性住房的质量经得起时间的检验。

二是加大了对轨道交通和城市设计质量的监管。近几年，北京市交通建设任务非常集中，而且建设量非常大，

2015年要实现590千米长的地铁，每年都会有新的地铁开工，新的地铁竣工，在这样大规模的建设期，工程的技术风险系数是比较高的，我们根据这个特点拓展工作思路，寻求工作的新模式，积极梳理轨道工程勘察设计质量监管的工作重点，建立了轨道交通勘察设计单位的约谈制度和轨道交通工程的施工图审查机构例会制度等，深入开展了轨道交通工程设计的质量监管，以保证工程质量。

（四）加大对勘察设计测绘市场监管力度

上半年，对涉嫌参与违法建设的35个设计单位进行了调查，对1家单位、1名注册师依法进行了行政处罚。现在的勘察设计测绘市场压力比较大，一方面有建设单位的要求，有一些不合理的要求，另一方面有监管部门严格的监管。实际上，加强监管也是给行业单位进行压力的疏解。根据发现的问题，我们组织勘察设计企业和境内外在京分支机构进行了自查，对受到行政处罚的勘察设计单位在网站上公布，要求行业单位自律，增强遵章守法意识，规范市场秩序。

二、当前首都规划建设面临的新形势和新任务

去年四季度以来，在成功举办奥运会和圆满完成国庆60周年的活动后，市委、市政府在积极思考首都发展的新的阶段性特征，科学判断首都未来发展的方向以及现在所处的新阶段的状态，把握住今后工作的目标和任务，对推动首都新一轮的科学发展达成了共识，提出来要瞄准建设世界城市的目标，提高科学发展的水平、提高规划建设的档次、提高服务管理的水准，加快人文北京、科技北京、绿色北京的发展战略。

在前不久结束的上半年全市经济形势分析会上，刘淇书记强调，要抓好产业优化升级，抓好科技创新，抓好城乡结合部的建设，抓好保障和改善民生的一些工作，抓好“十二五”规划的编制工作。刘淇书记指出，深刻的认识首都发展所面临的新形势，要把首都高标准的发展目标具体化为指标体系、工作措施，要努力把北京建设成为充分体现人文、科技和绿色特征的具有中国特色的世界城市，要下大力气破解首都经济发展面临的难题，要认真做好城市总体规划的评估工作，要为推进世界城市建设描绘蓝图。无论是推动战略性新兴产业发展，加快经济发展方式转变和经济结构调整；还是加紧研究世界城市的建设标准，研究世界城市的目标框架体系，统筹推进现代化国际大都市的规划建设；无论是从编制好“十二五”规划的专项规划，把首都发展目标具体化，对城乡发展的规划、功能区的细分、人口的规模、交通规划、城镇布局等及时做出调整；还是加强城市空间协调的研究和管理，提高我们的设计质量，提升城市的品质，优化城市的风貌，都和我们这个行业的工作息息相关，也都对我们的工作提出了新的和更高的要求。

三、下一阶段的工作重点和工作任务

下半年和“十二五”规划衔接，我们要以科学发展观为指导，紧紧围绕市委、市政府的中心工作，结合行业的实际，切实提高勘察设计测绘工作的质量和水平，促进行业又好又快的发展。

一是要紧密结合规划建设的要求，努力提升行业工作水平。现在北京已经成为世界关注的一个焦点，首都的城市规划建设需要与国际接轨，需要有更开放的视野，国际的眼光，同时还要有中国传统和中国文化的延续和继承。我们的行业队伍要跟上这一形势的要求，一方面要选择有水平、有能力的设计单位和世界级的专家、技术人才来承担首都的规划和发展，要让首都的规划和设计达到国际一流的水平。过去已经有很长一段时间开放了规划设计市场，今后会有更多国内外最顶尖级的设计队伍、设计团队跟我们同台竞技，但是我们行业从业人员的责任意识、服务意识、设计理念、规划设计的方法以及工作的质量和水平，与客观要求以及时代的要求还有很大的差距。所以，大家要认清形势，通过竞争与合作来学习国际的先进经验和先进理念、方法，增强自身的竞争力，尽快成长进步，不断地提高规划、设计、勘察、测绘的工作质量和水平，使北京的城市品质有更加美好的形象，要更加宜居，更加可持续。

二是进一步加强勘察设计测绘市场监管工作。加强对工程勘察设计资质和注册人员执业行为的监管。比如，对政策性用房、轨道交通等重要项目，以后将成为我们行业资质管理、注册人员管理等非常重要的内容。抓好勘察设计质量监管，加强行业招投标的监管，完善评优制度等，这些工作都会在整个行业里顺利稳步地推进。

三是统筹兼顾，进一步推进测绘工作。测绘工作有几个大的工作任务，组织编制好行业的“十二五”发展规划，加强基础地理信息系统及公共服务平台的建设，加强数字地理空间框架建设试点的推广，现在通州和西城做了数字地理信息的框架，还要完成我市数字城市的建设试点工作。

同志们，首都城乡规划工作的任务十分繁重，使命非常重大。我们要认真贯彻落实市委、市政府对规划设计工作的指示精神，深刻认识首都发展所面临的形势，以更高的标准来落实北京总体规划，把首都从高标准的发展目标，落实到行业里面所有的规章制度以及工作措施上，要认真做好行业的各项工作，以昂扬的斗志和扎实的工作作风，真抓实干，开拓创新，全力推进建设人文、科技和绿色北京。

谢谢大家。

（根据会议速记整理，未经本人审阅）

2011 北京市勘察设计行业发展的现状与走势评析

叶大华　梁昊光
（北京市勘察设计行业发展研究课题组 [1]）

勘察、设计、测绘行业是国家转变经济发展方式、调整产业结构、培养新型产业的一支重要力量，是首都现代化、城市化及经济社会发展中最重要的行业之一，起着基础性的、先导性的引领作用。

北京聚集了大批勘察设计各细分行业的龙头企业，拥有一批优秀的勘察设计师，在首都规划建设、经济、文化发展中发挥了重要作用。近年来，北京勘察设计行业立足"国家首都、国际城市、文化名城、宜居城市"的定位，着力科学规划引导科学发展，合理布局城市空间结构，促进首都城市规划建设水平和综合承载力的显著提升；着力完善城市功能，勘察设计了一批保障性住宅、多条轨道交通及城市道路，缓解了人口快速增长的压力；着力提高服务能力，应用绿色设计理念，勘察设计了一批污水处理设施、垃圾处理填埋场、水电气热等能源保障设施，缓解了资源与环境压力；着力提升古都风貌保护水平，不断创新古建筑保护方式方法，将具有北京历史文化内涵的"人文设计理念"融入古都风貌保护过程中。

一、北京勘察设计行业发展的外部环境

2006 年，北京市第三产业比重已经超过 70%，达到 70.99%，第三产业就业人口比重也达到 70%，领先于全国其他地区率先进入后工业化经济发展阶段。到 2010 年，北京市第三产业比重继续上升，累计已经达到 75.9%。

在这一阶段，北京经济发展呈现三大特点：一是发展动力更加注重高端要素投入和创新。科技、知识、智力、文化等创新要素成为驱动北京经济社会发展的核心要素。北京瞄准"世界城市"建设目标，加快构建和完善区域创新体系，努力提高国民经济的自主创新能力和自主增值能力，将中关村科技园打造为国家自主创新枢纽，促进"北京制造"向"北京创造"的跨越，基本形成以自主创新带动经济增长方式转变、经济结构调整和首都竞争力提升的格局。二是发展视角更加注重区域化和国际化。北京作为经济发达的大都市，承担带动周边地区共同繁荣的社会责任，使城市与周边区域的发展产生良性的互动，推进京津冀经济一体化。北京奥运的成功举办，是北京迈向国际城市的新起点和转折点，北京将进一步融入世界发展，建设世界城市。三是发展理念更加注重经济与社会的协调发展。北京已

[1] 北京市勘察设计行业发展研究课题组成员：叶大华、梁昊光、李节严、叶嘉、王金坡、毛哲、祝波善、吕悦。叶大华，北京市规划委员会委员；梁昊光，北京市社会科学院经济所副所长、北京市首都发展研究所所长。

进入经济发展和社会发展并重的协调发展阶段，在发展经济的同时，更加注重教育、科技、文化、卫生、环保等社会事业的发展，注重人与自然的和谐发展。

在未来 10 年左右，首都经济处在结构升级、质量提升的关键阶段，科技创新、文化创意、综合服务的优势突出，第三产业拥有良好的发展条件和充沛的内在动力。北京总结举办奥运会的成功经验,努力建设“人文北京、科技北京、绿色北京”。在此基础上，北京从首都的功能定位出发，不断深化对首都经济的认识，不断提高区域自主创新的能力，把第三产业发展的重点放在现代服务业、生产性服务业和文化创意产业上，使得第三产业无论从规模还是发展水平上都达到了一个前所未有的高度。

世界各国的经济发展经验表明，第三产业的发展越来越成为经济发展的强大引擎。第三产业在一个国家或地区经济结构中所占比重的大小，已经成为衡量其经济发达程度的重要标志之一。北京市第三产业的迅速崛起，是北京市经济结构调整和优化的必然结果，也是北京市在新中国成立 60 年以来经济结构调整的最重要特点之一。

北京市 2010 年全社会固定资产投资 5 493.5 亿元。全市具有资质等级的总承包和专业承包建筑业企业完成建筑业总产值 4 059.8 亿元，比上年增长 32.4%，完成 4 030 万平方米建筑节能改造。2006—2010 年全社会固定资产及增长速度如图 1 所示。

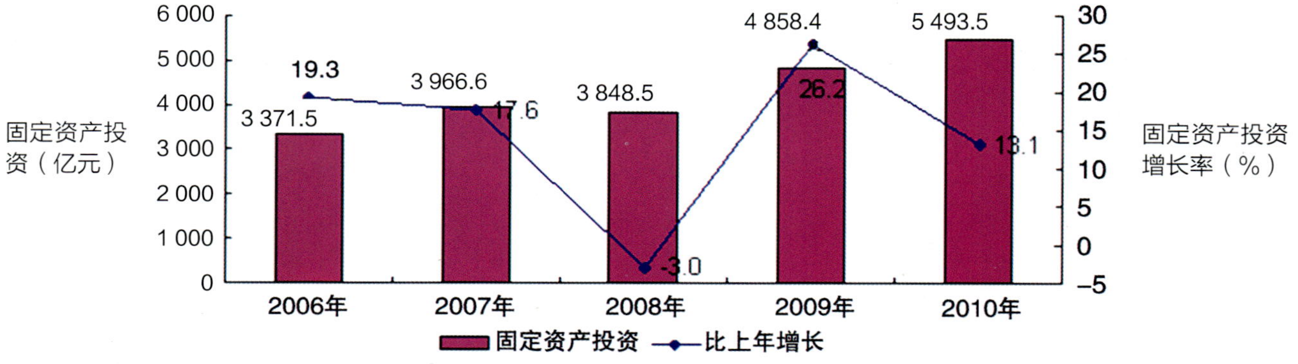

图 1 2006—2010 年全社会固定资产投资及增长速度

进入 21 世纪以来，中国经济继续保持了良好的发展态势，建筑设计行业的外部经济环境良好，尤其是随着北京奥运场馆等特大型项目的展开，北京已经成为世界景观和建筑设计领域最火热的市场。“十一五”期间，受政府对基础设施、保障性住房和市政工程等建设项目的大力投资，由此拉动了勘察设计市场旺盛的势头，工程勘察设计产业在享有固定资产投资带来市场空间和容量急增的同时，实现了可持续发展。2009 年，中国建筑市场的工程价值总额约为 2.1 万亿元人民币。根据本土建筑设计机构和国外建筑设计机构一般按照工程造价的 5‰或 3% 收取设计费的标准进行量化,建筑设计费用达 105 亿元～630 亿元。巨大的市场吸引着越来越多国家的建筑设计机构进入中国建筑市场。

勘察设计领域按照国际惯例，从属于工程咨询行业，WTO 将该行业划分为服务部门。在我国的国民经济统计中，建筑设计业划归为第三产业服务业。建筑产业是世界第五大产业，排名仅在国防、教育、医疗和食品之后。工程咨询服务目前在全球已形成了一个年营业额达 4 220 亿美元的产业，行业产值占全球固定资本形成总额的比例达到 6.4%，由于工程咨询中设计占有十分重要的地位，以 40% ～ 60% 的比例来计算，即设计市场的容量大约在 1 688 亿美元～ 2 110 亿美元之间，市场规模相当庞大。目前，我国的城镇化发展正处在快速发展期，预计从现在到 2030 年，我国的城镇化速率平均每年为 1 ～ 1.3 个百分点，我国每年约新建 20 亿平方米建筑。2009 年，中国建筑业总产值达 90 254 亿元。2009 年，建筑业增加值为 21 045 亿元，占 GDP 的比重达到 7.1%，在国民经济各部门中居第四位。

随着北京成为了当代城市建设最为活跃的地区，建筑市场面临着前所未有的机遇和竞争，巨大的市场吸引着世界最知名、最富有创造活力的建筑大师们来北京实现他们在本国不可能实现的梦想。一方面，国外建筑师和建筑设计公司为北京建筑市场带来了新的活力，无论是设计理念、施工工艺等各方面都在外来力量的推动下有了进一步的发展。但另一方面，由于中国加入 WTO 后对本土市场的开放和世界经济全球化的趋势不断加强，北京建筑市场的竞争也是前所未有的激烈。

加入世界贸易组织后，我国的建筑市场的对外开放程度更加提高，境外资本和公司、国外建筑师早就看好我国蓬勃的建设市场，并且具有相当的竞争优势。他们在设计整体把握、新技术运用、现场服务、经营理念等方面有许多独到之处。因此，设计市场的竞争会更加激烈。

二、2011 北京市勘察设计行业发展的基本态势

“十一五”时期是北京市勘察设计行业实力提升最快的 5 年，行业规模实现了快速增长，完成了一批具有世界影响力的重大项目，培养了一批行业大师，为北京城市规划建设、国家重大工程项目提供了智力支持。过去的 5 年是北京市勘察设计行业最为活跃的 5 年，以奥运工程、国庆 60 周年等重大项目为契机，打造了开放、多元的市场环境，全国乃至全球的高端设计机构、人才云集，凝聚了一批高端企业总部。过去的 5 年是北京市勘察设计行业业务转型最有成效的 5 年，行业收入的构成不断优化，总承包的收入比例迅速增加，业内的一批企业成功实现由勘察设计公司向工程公司的转型。过去的 5 年是北京市勘察设计行业国际化进程最快的 5 年，北京市的勘察设计单位积极走出国门，参与国际竞争，海外收入连续大幅度增加，国际竞争力明显提升。“十一五”期间，北京市勘察设计产业发展和总部特征态势进一步强化。

（一）行业规模已成为高技术服务业的主导力量

北京市勘察设计行业产值规模持续增长，截至“十一五”末，北京市勘察设计行业实现年总营业收入 2 469 亿元（包括外地分支机构在内），完成利税总额 824.8 亿元，人均营业收入 152 万元，行业产值规模实现跨越式发展，继续保持全国领先地位。

（二）产业集聚总部特征彰显

北京市勘察设计行业龙头企业云集、高端人才集聚的特征十分明显。截至“十一五”末，北京市拥有综合设计

甲级资质单位 12 家，综合勘察甲级资质单位 12 家，各类甲级单位 619 家，年产值规模超 20 亿元者 25 家、超 10 亿元者 36 家，龙头企业云集；北京市工程勘察设计行业集聚了一大批优秀、高端人才队伍，截至“十一五”末，全行业专业技术人员 11 万人，其中注册执业人员 19 611 名，占比 17%，高级职称人员 32 632 名，占比 29%，拥有大师 121 名，占全国行业内大师数量的比例为 27.69%，人才集聚特征明显。

（三）创新技术的区域辐射效应突出，产业化步伐加快

“十一五”时期，北京市工程勘察设计行业进一步加大了科技研发投入，科技创新水平和成果均十分突出，科技创新成为企业实现自身发展的重要手段。“十一五”末，行业科技活动费用支出总额超过 64 亿元，科技成果转让收入总额超过 129 亿元；累计拥有专利 7 387 项、专有技术 4 285 项；参加编制国家、行业、地方技术标准 914 项；获国家级、省部级奖项 2 170 项，多项指标稳居全国首位。高新技术企业认定工作实现突破，截至“十一五”末，勘察设计行业认定高新技术企业 60 余家。

（四）市场监管及服务能力显著提升

“十一五”期间，北京市工程勘察设计行业市场监管及服务能力显著提升。北京市工程勘察设计行业进一步完善了市场监管制度、规范了市场运行机制，制定实施规范性文件 26 份，涉及质量安全监管、资质审查、技术标准规范、注册人员管理等多方面。成立了北京市勘察设计与测绘管理办公室，负责北京市勘察设计行业管理工作，保证了各项制度的落实到位，为企业发展创造了良好的外部环境。

（五）企业实现业务结构的优化调整

“十一五”期间，北京市工程勘察设计行业总体营收增长的同时，总承包业务和国际业务增长速度更快，营业收入结构实现优化调整。工程承包收入总额从“十一五”初的 332 亿元增加到“十一五”末的 1 637 亿元，占全部营业收入比例则从 47% 上升为 66%，企业向工程公司转型特征明显；国际业务方面，也实现了较快增长，“十一五”末达到 203 亿元。

（六）为国民经济与社会发展做出重大贡献

作为工程勘察设计行业的最重要组成部分，作为冶金、能源、交通、电力、铁路等细分行业龙头企业的总部集聚地，“十一五”期间，积极参与了国家西气东输、南水北调、青藏铁路、高速铁路、载人航天工程、奥运工程、地铁建设、城乡一体化建设等方面工程勘察设计项目，保质保量地完成了国家和社会赋予的重大历史责任。同时，北京勘察设计行业作为工程建设的先导和行业的龙头，“十一五”期间间接带动落实了 25 万亿固定资产投资，辅助完成资金使用的科学决策，为国民经济与社会发展做出了重大贡献。

（七）在北京市城市建设和社会发展中发挥重要作用

作为工程建设的前端，勘察设计是推广应用新理念、新技术、新工艺、新设备和新材料的重要环节，是落实低碳

经济的重要手段，是城市基础设施建设落实的重要保障。“十一五”期间，北京市城市基础设施建设实现跨越式发展：轨道交通运营里程由114千米增加到336千米，是2005年的近3倍；高速公路通车总里程达到920千米，实现了北京城市总体规划的85%，区区通高速目标提前实现；城市路网进一步完善，城市道路累计达到6247千米，公交出行比例达到40%，新城道路交通网初步形成；“十一五”末期，市区污水处理率达到94.3%，城镇污水处理能力356万立方米／日；垃圾处理能力显著增强，市区和郊区生活垃圾处理率分别达到了100%和88.96%。水、电、气、热等资源能源供应保障和信息基础设施支撑能力显著提升，城乡环境更加干净整洁，城市应急管理水平明显提高。勘察设计作为技术型智力密集生产性服务业，在北京城市建设和经济发展方面发挥了重要作用。

（八）在国家重点任务及民生工程建设中凸显社会责任

北京市工程勘察设计行业在奥运场馆及基础设施建设、国庆60周年和灾区重建中，发挥了巨大作用，进一步凸显行业社会责任。2008年，北京奥运会成功举办，奥林匹克中心区、国家体育场和国家游泳中心等建筑获得了广泛赞誉，举世瞩目的辉煌背后蕴涵了北京市工程勘察设计人默默的奉献。2009年，中华人民共和国成立60周年，北京市工程勘察设计行业在提升都市风貌、保障城市安全运营等方面提供了支持，在全国各地完成多项精品工程，为祖国交上了一份满意的答卷。近年来，我国自然灾害频发，北京勘察设计企业以身先士卒的精神投入灾区重建，以及新疆和田援建工程的大力开展，将首都先进的规划设计理念导入灾后重建工程，彰显祖国关怀，为维护民族团结和维护社会稳定做出了重要贡献。

三、北京市勘察设计行业走势的评析与未来预期

（一）统筹北京市勘察设计行业的政策与环境变化

随着行业市场化的发展，地域和行业分割的格局正在被打破，原来的地域化和专业化逐步被“全国化、全过程化和国际化”所代替。

市场竞争日益激烈，参与竞争的力量有：转型的专业设计企业、新兴的民营设计事务所、改制后的设计企业、外资工程公司、外资设计事务所等。在这种情况下，一方面，国内大部分单位已经转制为企业，机制灵活，但是必须依靠自身的能力来面对各种潜在的市场风险，适应市场化的优胜劣汰机制；另一方面，一些原来属于垄断系统的单位也在推行改革和改制，如电力、铁路等专业设计院以及中央各部所属设计院都实力雄厚，改制后也会打破原有的业务范围来争夺更广阔的市场，这对整个市场的竞争格局将产生巨大的影响。

（二）北京市勘察设计行业规模变化

“十二五”时期，我国仍处于发展战略机遇期，城市化进程继续推动固定资产投资稳步增长，行业整体形势向好。北京市工程勘察设计行业立足北京，具有辐射与服务全国的特征。在加快转变经济发展方式为主线的大背景下，全国勘察设计行业在行业发展模式、业务范围、企业发展定位等方面均表现出新的形势和特征。

1. 行业发展驱动力内部化

过去的5年全国处于快速发展时期，固定资产投资和基础设施建设大幅增长，为勘察设计行业发展奠定了充足的市场基础，各类勘察设计单位按照“规模化发展”路径大多取得了突出成就。“十二五”时期，外部市场环境相对复杂，转变经济发展方式成为主线，同时行业内部竞争日趋激烈，“粗放式”规模化发展已无法适应市场环境变化。经济发展方式的转变促使勘察设计行业向“精细化”发展模式转变，即更加注重研发能力、管理能力、技术水平、品牌建设、资源整合能力等内部竞争力的培育。勘察设计行业逐步从“市场驱动的粗放式发展模式”向“内部驱动的精细化发展模式”转变。

2. 业务范围扩大化

勘察设计行业主要涉及前期咨询、规划、工程勘察、工程设计等业务，是工程建设的前端，是工程建设产业链上的一个环节，其价值和功能往往体现在项目前端。“十二五”时期，随着国际工程建设理念的引入，其在工程质量控制、工程周期控制、工程成本控制以及人与自然和谐发展上的功能逐步显现，工程勘察设计行业业务范围将贯穿于战略规划、项目前期、勘察设计、建设和竣工、投产运营等全生命周期，如“设计—采购—施工”工程总承包、“设计—采购”工程总承包、交钥匙总承包、“建设—经营—转让”总承包、“建设—移交”总承包、“建设—拥有—经营—转让”总承包等业务形态在各类行业得到不同程度的尝试。工程勘察设计行业的业务范围不断向产业链两端延伸。

3. 企业定位多元化

“十一五”期间，勘察设计行业的单位多为“勘察设计(研究)院”，企业定位相对单一，以服务于勘察设计环节为主。“十二五”时期，市场环境和工程建设体制模式不断发展变化，勘察设计行业逐步贯穿工程建设全过程，市场呈现一体化趋势。勘察设计行业在主管部门的政策推动下，区域垄断、市场条块分割的格局正在被逐步打破，市场竞争加剧。产业链上下游的企业依据其自身规模、技术水平等因素开始对自己重新定位，金字塔格局日现雏形。大中型勘察设计院趋向规模化、一体化方向发展，如定位为工程公司、工程咨询公司、科技型企业等；中小型企业趋向特色化、专业化方向发展，如定位为设计事务所、专业咨询公司、劳务外包公司等。企业定位多元化有利于资源优化配置，全方位满足社会经济发展对资源节约、绿色节能、低碳环保等可持续发展的要求。

(三)国家新型工业化和城市化发展总体格局的变化

北京在成功举办奥运会后，步入了新的发展阶段，其新的城市定位和发展目标为行业提供了施展的空间。与此同时，行业外部环境日益复杂。

1. 北京市建设“中国特色世界城市”，为工程勘察设计行业的发展提供了更广阔的市场空间

北京市“十二五”规划明确提出建设“中国特色世界城市”，其核心内涵包括城市规划科学合理化、城市基础设施的现代化、城市生态环境园林化、城市经济高技术产业化、城市居民生活高度社会化、城市资源利用高度集约化等多个方面。北京勘察设计行业作为区域城市建设的重要环节，面临历史性发展机遇。

2. 北京市大力发展战略性新兴产业，为勘察设计企业在新领域获得技术重大突破创造了条件

北京市“十二五”规划依托首都科技资源优势和产业基础，大力发展新一代信息技术、生物医药、新能源、

节能环保、新能源汽车、新材料、高端装备制造和航空航天等战略性新兴产业。战略性新兴产业的布局和建设，客观上为勘察设计企业提供了技术需求和市场空间，对于北京勘察设计行业寻求新的行业增长点创造了条件。

3. 北京市打造“设计之都”为勘察设计企业发展带来新的机遇

2010年6月2日，北京市通过《全面推进北京设计产业发展工作方案》，强调要在北京实施“首都设计创新提升计划”，并成立“申都委员会”，向联合国教科文组织申报“世界设计之都”。“首都设计创新提升计划”将利用3年时间，培育设计产业50强企业，建设3～5个设计产业集聚区，到2012年，设计产业服务收入突破1 300亿元。城市规划、建筑设计等融合了较多创意元素，符合上述设计产业范畴，北京市打造“设计之都”为勘察设计行业提供了新的发展机遇。

4. 行业发展面临新的挑战

在当前国际经济形势变化下，我国工程勘察设计行业面临的环境更加复杂、不确定性和风险更加突出。国家经济结构转型过程中，将更加注重节能减排、城市地下空间开发、减灾防灾等技术的开发利用，市场需求发生重大转变，多种因素使得原有科研能力、市场监管和服务能力等并不能完全满足新的形势要求；行业发展过程中，对“精品意识”要求更高，对可持续发展能力提出了更高要求。“十二五”时期，机遇与挑战并存，北京市勘察设计行业应该在准确研判国内外经济形势和行业发展趋势的基础上，提高忧患意识，充分利用北京市独特区位优势，把握行业重大机遇，集中力量解决好体制、观念、技术和人才等方面存在的影响行业可持续、健康发展的问题，化挑战为动力，推动行业的持续稳定发展。

北京勘察设计行业在过去10年中得到了飞速的发展，取得了瞩目的成绩。在“十二五”中勘察设计行业结合自身特点选择合适的发展模式，围绕纵向产业链、横向产业进行相关衍生，所提供的产品和服务相应地呈现多样化趋势。在此趋势下，勘察设计行业必将面临新的机遇和挑战。

所以需要考虑的问题主要是：首先，勘察设计行业过去10年快速增长的态势能否有效延续；其次，勘察设计单位过去发展过程中积累的一些资源和要素是否能够支撑未来的发展；最后，过去改革发展的思路对于未来是否能够延续。

四、国际勘察设计行业发展的基本态势与启示

《北京城市总体规划(2004年—2020年)》将建设世界城市作为北京的四大目标定位之一，2008年奥运会期间，北京受到国际上的广泛关注，将北京的世界城市建设推进到了一个新的高度。站在奥运会后新的历史起点，下一步北京的世界城市建设应该有新的思路。当今工业经济和后工业经济相互交融的时代特征、城市规划设计的规律、前沿性的规划观念是带给我们勘察设计行业新思路的启示。

（一）市场准入管理制度的创新与突破

发达国家勘察设计测绘市场准入管理制度已经有近100年的历史，在准入管理的政策规定、管理体系、运作方式等方面都日臻完善，能够适应市场经济体制的要求和工程勘察设计活动的特点，责任明确、便于管理，已成为各国政

府加强工程建设管理，保障国家及公众生命和财产安全，维护公众和社会利益的一项有效措施，主要特征对比如下。

1. 勘察设计项目主体及其相互关系

发达国家和地区的工程建设市场上，工程项目建设活动包括业主方（建设单位）、工程咨询方（包括设计）和工程承包方（包括供应商）等三方主体。三方在相关建筑法律法规的约束下，构成相互制约的合同关系，即为国际上惯用的工程项目建设管理机制。在这种管理机制中，业主方通常不和施工单位发生直接关系，而是委托工程咨询方的建筑师、工程师对整个工程进行管理，工程咨询方对工程质量承担明确责任。工程咨询方掌握工程建设所需要的技术、经济、管理方面的知识、技能和经验，既负责工程设计、编制招标文件，又具体控制和指导项目建设的全过程，直接有权控制整个建设活动的质量、设计理念、造价等多个方面，对项目建设起着至关重要的作用。

在国内，工程建设过程被人为地划分为工程咨询、工程勘察、工程设计、工程监理、工程施工等不同阶段，并分别由不同的政府部门或同一部门的不同职能部门实施管理（表 1）。在这种体制下，工程勘察设计市场准入管理制度确定的只是工程建设的勘察、设计阶段，基本上只是技术设计内容，企业取得工程勘察资质许可后也仅仅可以从事勘察、设计阶段的工作，人为地割断了建设工程中设计、管理、咨询和施工阶段的天然联系，忽视了工程建设全过程中各个环节的连续性以及智能服务的主导性，服务功能层次低、业务面狭窄。中国企业必须同时具备有关政府部门颁发的工程咨询、工程勘察、工程设计、工程监理和工程造价资质证书才能承担以上 5 个方面的工作，容易造成工程勘察设计单位工作内容狭窄，不利于企业业务发展。

表 1　中国政府有关部门对工程咨询不同阶段的市场准入管理

工程咨询阶段	工作内容	管理部门	市场准入限制
工程建设项目前期的咨询	项目建议书、可行性研究报告及计划任务书等	国家发改委	须取得工程咨询资质
工程建设项目准备阶段的咨询	工程勘察、工程设计	住房和城乡建设部建筑市场监管司	须取得工程勘察、工程设计资质
	造价咨询	住房和城乡建设部标准定额司	须取得工程造价资质
工程建设项目实施阶段的咨询	施工监理	住房和城乡建设部建筑市场监管司	须取得工程监管资质

2. 市场准入主体

在发达国家和地区，一般不对从事工程勘察、设计、咨询活动的企业提出具体要求，而是采取针对从事工程勘察设计活动的注册执业人员的市场准入管理制度。类似于律师、医师的管理。以法律形式规定注册建筑师、注册工程师的工程专业执业注册制度，据此建立一整套涵盖专业学历教育、实践培训、资格考试、注册制度、执业管理制度等在内的个人准入管理制度体系。

国内则采取针对企业的市场准入管理制度。根据《建设工程勘察设计管理条例》，“建设工程勘察、设计注册执业人员和其他专业技术人员只能受聘于一个单位；未受聘于建设工程勘察、设计单位的，不得从事建设工程的勘察、设计活动。”即具备企业法人的实体企业才能申请工程勘察设计资质，工程勘察、工程设计人员，不管其技术水平高低，除非受聘于工程勘察设计企业，否则不得从事工程勘察设计活动，更不能以个人名义申请工程勘察设计资质。取得资质企业因工程勘察、设计原因造成人员伤亡或财产损失等工程质量事故时，企业承担主要责任。

3. 准入管理权限

在发达国家和地区，政府、法律、市场机制在工程勘察设计市场准入管理中发挥共同作用。其中，法律明确了从事工程勘察设计活动的“专业人士”的资格条件及其责任、工作内容等方面；政府重点关注并管理工程勘察设计活动中公共利益和公众安全的相关问题。要求工程勘察、设计图纸必须经过注册师的签字方为有效，并建立严格的注册建筑师、注册工程师管理制度；政府对取得注册执业资格的“专业人士”所从事的工程勘察设计活动，一般不加以干涉，而是充分发挥市场机制的作用，通过市场来公平竞争，“专业人士”必须凭借自己的信誉、能力获得业主的认可，才能在市场竞争中生存和发展。行业学会（协会）等专业人士自律管理，市场竞争机制、优胜劣汰机制，企业和专业人士的信誉机制，辅以政府的管理制度，共同构成了发达国家的准入管理机制（图 2）。

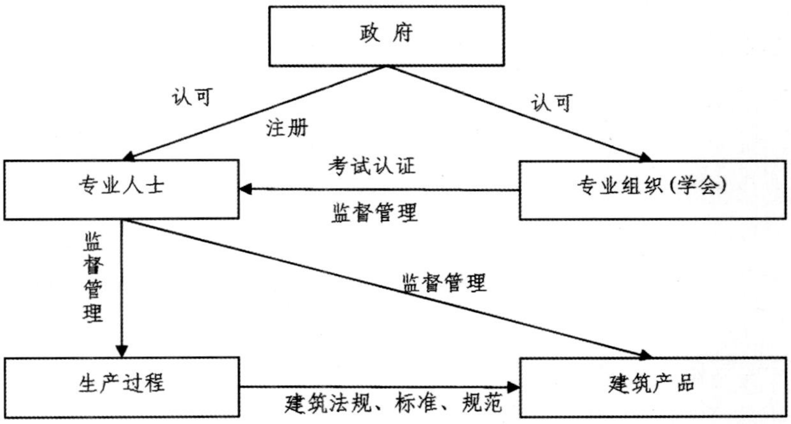

图 2　国际建筑业准入管理权限

根据国际惯例，专业人士属于知识工作者，通过自己的知识为工程建设项目的业主、承包商提供咨询服务，并不直接承包工程。从事工程咨询专业的人士只对他提供的咨询活动所直接造成的后果负责。其中由建筑师牵头的工程，一般实行建筑师负责制，但为建筑师提供服务的结构工程师、机电工程师，以及其他专业工程师，要分别对自己负责的专业工程成果负责。而负责施工的承包商，要对施工负责，这些都是国际上通行的规则。由于分工和责任明确，因此在工程建设活动中，业主、专业人士、承包商各司其职，互相协作，使工程得以顺利实施。

为防止专业人士失误或疏忽造成的重大损失，很多国家都要求专业人士购买专业人士责任保险。如法国《建筑法》第 16 条规定：“因职业行为或其使用者行为而有可能被追究责任的所有建筑师，不论是法人还是自然人都必须有保险做保障。”“不论何种场合，施工单位和建筑师，有时和建筑师的雇主签订合同时，合同上必须附有保险说明书”。针对专业人士失误风险的防范措施主要包括：通过有关法规约束专业人士的咨询行为；通过专业人士组织（学会）严格控制专业人士的资格；通过专业人士组织制定专业人士的工作条例和职业道德规范，并监督专业人士公正工作；通过市场竞争机制，服务信誉等淘汰不合格的专业人士。在国外，专业人士资格的取得十分困难，其报酬和社会地位相对较高，所以专业人士对其信誉十分珍视，把提供好的工程咨询服务和保持良好信誉作为维持企业生存的保障，自觉做好服务工作。

(二)设计技术的创新对行业带来的影响

BIM 模型是以建筑工程项目的各项相关信息数据作为模型的基础，进行建筑模型的建立，进而实现有效管理的新型模式。BIM 概念最早提出于 20 世纪 70 年代，伴随着信息技术在建筑业的深入运用而产生。由于其发展时间较长，且概念的提出者又从多个方面来理解与之相关的问题，因此，常以不同的名称出现，如单一建筑模型 (SBM)、集成建筑模型 (IBM)、通用建筑模型 (GBM) 或虚拟建筑模型 (VBM) 等。

BIM 模型与传统项目管理模式相比，具有以下优势：①提高项目质量与性能。利用 BIM 技术使得在项目早期就可以对建筑物不同方案的性能做各种分析、模拟、比较，从而得到高性能的建筑方案；同时积累的信息不但可以支持建设阶段降低成本、缩短工期、提高质量，而且可以为建成后的运营、销售、维护、改建、扩建、交易、拆除、使用等服务。②实现工程信息设计与施工阶段的三维可视化完整传递。BIM 咨询团队在设计阶段即把所有团队的图纸和信息通过三维协同等手段统一地整理、整合在一起，采用 BIM 可视化技术，构建业主方、设计方、施工方、监理方、顾问方等多方共同利用的可视化平台，准确传递资料和信息，提高工作效率并保障施工阶段效果。③优化控制设计方案。BIM 技术通过顾问式优化设计、三维可视化管线综合、各专业系统设计纠错报告，有效地控制设计阶段可能产生的问题，尽可能在设计阶段发现问题、解决问题，形成科学的设计方案。④协助指导项目施工管理。基于 BIM 技术平台，构建施工阶段 BIM 模型，并根据施工进度和完成情况实时更新模型，分阶段、分步骤跟踪模拟，模型全程协助指导施工、反馈施工进度、材料使用、成本预估、支付申请等。⑤合理掌控项目变更行为。采用 BIM 模型辅助方式，在工程发生变更前即以 3D 方式审核确认变更的必要性和可行性以及工程量参考，并记录变更的实施，从而将变更管理掌握在可控制的范围内。⑥整合散落的工程信息。拥有一个涵盖工程整体、方便调阅相关各类资料文档的平台对于业主方掌控整体情况等方面具有重要意义。采用 BIM 技术，集成项目全过程资料，可实现上述目标。

据美国施工管理协会 (CMAA) 工艺工程师 Soad Kousheshi 和 A/E/C 战略公司 (A/E/C Strategy, Inc.)Eric Westergren 判断，“由于协调失误、信息遗漏、材料浪费、沟通效率低下，以及当前设计施工方法中存在的其他问题，建筑成本中有多达 30% 浪费在了现场。” 通过采用 BIM 技术，可以更好地控制项目的设计质量、提升施工效率，更好地预测和控制成本，高效有序地完成项目工作 (据 Autodesk 公司统计，BIM 技术可改善项目产出和团队合作 79%，三维可视化更便于沟通，提高企业竞争力 66%，减少 50% ~ 70% 的信息请求，缩短 5% ~ 10% 的施工周期，减少 20% ~ 25% 的各专业协调时间)。BIM 模型给整个工程建筑行业带来巨大的影响，不但业主和施工单位将因此改变部分的工作流程，调整分工，甚至与工程相关的制造行业也将投入到建筑行业信息化的浪潮中。

(三)市场经济条件下勘察设计行业企业经营制度发展态势

总体看来，国外工程勘察设计企业具有经营模式多样化、产权主体多元化、管理集约化 3 个特色，其基本经营管理模式大致如下。

1. 企业经营范围与方式

市场经济发达国家和地区，政府部门通常不对从事工程勘察设计活动的企业进行限制，只要业主同意，企业可以承接任何法律允许的工程勘察设计任务。对于企业是否具有相应能力，一般由业主对企业能力、信誉等条件考核后由业主自行决定，企业经营范围表现出明显的市场选择特点。

受此影响，国外工程咨询服务范围较广，包括工程前期战略性规划、项目综合性论证、投融资分析等方案咨询；基础工程勘察、设计咨询；详细工程勘察、设计、监理、采购咨询；工程后期评估、经营管理方式等咨询。服务体系大致可分为 3 个层次，即项目咨询、工程咨询、技术咨询。其经营机构，有工程咨询公司、工程咨询专业公司、设计事务所等多种类型。

这些从事工程咨询的单位形式灵活、市场适应能力强。既有大量民营化、专业化、小规模的国外工程咨询单位，如以专业人士个人名义注册成立的建筑师事务所、结构工程设计事务所、机电工程设计事务所、给排水工程设计事务所等专业性较强的工程勘察设计单位；也有不少规模较大、技术力量雄厚的大型工程咨询公司，以承接大型、中型工业或交通、水利等基础设施项目为主，面向国际市场参与竞争。具体而言，从事工程勘察设计活动的工程咨询单位通常包括工程咨询公司、工程设计公司或事务所、建筑师事务所、结构工程师事务所、机电等专业工程师事务所、其他工程技术咨询事务所等多种形式，根据市场运行情况来决定单位规模，多数单位只有几个人，20 ~ 30 人属于规模较大的设计单位，仅有极少数单位超过 100 人（表 2）。

表 2　不同类型的勘察设计企业

类型	特　征	代表性企业
大型工程公司	专营工程项目的智力密集型企业，其组织机构、服务功能、专业人员、工作程序、技术和方法都为实现项目而存在，涵盖项目开发、策划、设计、采购、施工、试运行等项目实施的全过程，通常不拥有施工队伍	美国柏克德公司、福陆丹尼尔公司等
工程咨询设计公司	建筑、结构、设备所有专业齐全，包括建设前的调查研究、施工建立及施工管理等工程建设全过程的服务，含咨询、设计与管理，独立于施工承包商和设备制造商之外	日本日建设计、美国 SOM 等
专业事务所	主要指建筑事务所、结构工程师事务所、机电工程事务所等，量大面广，不仅做设计，还承担项目建设过程中的监督管理	美国贝格付建建筑事务所、加拿大 PPA 建筑师事务所等

需要说明的是，单纯从事设计活动的国外工程咨询公司并不普遍，一般都是以工程承包和工程项目管理的方式承接工程任务。美、英等市场经济发达国家一般将工程设计工作划分为概念设计、基本设计和详细设计 3 个阶段，并按照阶段来划分工程的设计范围，其中详细设计部分许多都是由施工单位来从事的。因此，许多工程公司、咨询公司既从事勘察设计，又从事工程施工和工程管理。在工程建设项目中，工程建设的实施主体是工程总承包商，工程设计可能分别由专利商、总承包商、分包商、供货商和项目管理供货商来承担。设计机构和设计活动在工程建设中的地位及

其与业主、施工单位的关系依据合同关系的不同而不同。国外大型工程咨询单位一般都是以工程总承包和项目管理的方式承接任务，这与中国工程勘察设计企业以勘察、设计活动为主的特点有显著差别。工程总承包企业按照合同约定对工程项目的质量、工期、造价等向业主负责。工程总承包可依法将所承包工程中的部分工作发包给具有相应资质的分包企业；分包企业按照分包合同的约定对总承包企业负责。工程总承包的具体方式、工作内容和责任等，由业主与工程总承包企业在合同中约定。

在国内，企业经营范围由政府审查确定，政府将工程勘察分为 3 个专业，工程设计划分为 22 个行业，每个行业中又划分为不同的专业，同时对不同行业、专业划定了不同的级别。政府颁布文件，明确规定不同行业、不同级别的工程勘察设计企业资质的考核条件和承接任务范围，企业只有按照规定申请程序申请并经政府有关部门批准，获得工作勘察设计资质证书后，方可在资质许可的范围内从事工程勘察设计活动。其中，政府部门对企业经营范围的认定主要采取评审的方式，注重考核企业人员、业绩等静态指标，较少关注企业能力、信誉等方面，对技术人员的认证，则主要依据技术职称。

2. 企业产权激励体制

国外工程勘察设计企业，就产权体制而言，其主体是多元化的，但由于成立之初多为个人执业公司和合伙人公司，因此多具有原发性、发散性和派生性，是在市场竞争中自我发展或自发兼并、合并发展的。随着公司治理体制的日渐完善，近年来，有限责任公司制成为主要的法律组织形态，如美国的勘察设计业，80% 左右为有限责任公司制，16% 左右为个人独资，4% 左右为合伙制。通过采用更为灵活的公司制（即有限责任公司），美国勘察设计企业的市场反应能力明显提高，从而有助于提高市场竞争力。

为了吸引人才、发挥人才优势，国际工程咨询公司普遍采取员工持股制，实现短期薪酬和长期股权收益的组合激励，保障公司人力资源的基本稳定。如加拿大 HATCH 公司是一家成立于 1955 年的主营工程设计、专业咨询（含金融）和项目管理的大型跨国公司，其股份 100% 为在职雇员所持有，约有 604 个股东，前 30 名股东约占 51% 的股份，一般要连续在公司工作 8 年以上才能申请持有公司股份，股东入股前签订股权买卖协议，所有股东（包括原始发起人股东）离开公司都必须转让退出股权，而退休前应分 3 年逐步退出所持的股份。公司采用“条件股”设置，从而使核心员工从企业成长中受益，企业在员工创业中得以发展。再如，澳大利亚 Ausenco 有限公司原为未上市的股份公司，自 2002 年起，公司股权由 RMB 资源有限公司 15%、资源资金基金投资公司 12% 和原有股东及高级职员 73% 共同持有，通过股份分化成功地引进了战略投资者。

3. 公司管理方式

国外工程勘察设计企业的主要管理方式，是矩阵式组织结构和项目管理。较大的公司设有经营、合同管理、人事、质量、财务等管理部门及业务部门，公司接到咨询项目后，从业务部门协调人员根据客户需要组成一个项目部（或组），从始至终对项目负责；项目部（或组）由经理全权负责，制定项目计划，控制质量、进度和成本；项目完成后项目部（或组）解散，人员回原业务部门。公司制定明确的质量、进度、成本及业务评估标准，进行项目评估和咨询人员考核。许多公司都在国内外设置若干分支机构，既便于接近客户、承揽项目，又可分散风险。分支机构大都是合伙人经营。公司具有完整的经营独立性，不隶属国家政府部门，也不依附于其他经济实体，是市场的主体。公司要想生存和发展，就必须参与市场竞争，赢得业绩和声誉。

而对于各种中小企业，则根据项目实际需要，同时存在直线式、直线职能式、事业部式及矩阵式等组织形式，如美国的勘察设计企业分别采用了各自的流程机制，不论是组织流程、营销流程、生产流程、各种作业流程等并没有统一的最佳模式，而是根据企业所在的具体业务领域和在市场竞争中的定位，以市场需求为导向，选择最适合于企业自身发展的模式和流程机制。体制的不同不会限制企业的流程再造，但行业规模、企业规模、业务组成特点等因素对流程设计的具体模式有一定的影响。

（四）招投标管理与市场监管的特征

1. 招投标管理

发达国家招投标管理通常由专门的机构来负责，如美国联邦政府总服务管理局负责联邦政府工程的招投标管理，总服务管理局在选择咨询设计企业时，主要看企业以前的工作质量、经历，不太注重费用。其选择方案一般按照技术质量排序，再与技术质量排序领先的咨询设计企业洽谈价格。各州及各市都有类似的机构，负责本级政府投资工程的招投标管理。

在英国，政府投资项目总投资 200 万英镑以上要公开招标。社会团体（公共团体）项目要看投资来源，只要资金不是来源于纳税人，就可以自行发包而不招标。招标时可以由不同的公司组成联合体共同投标。

2. 合同管理

许多发达国家在合同管理上由政府委托行业协会制定合同文本，内容非常详细全面，合同双方责权利明确具体。在国际工程上则通常采用国际咨询工程师联合会（FIDIC）制定的《业主／咨询工程师标准服务协议书》（FIDIC 白皮书）、《设计、建造和交钥匙工程合同条件》（FIDIC 橘皮书）、美国建筑师协会制定的 AIAB141《业主与建筑师的标准协议书》、世界银行制定的《咨询工程师标准服务协议书》等。合同内容通常包括项目名称及规模、要求；咨询工程师服务范围；咨询工程师的责任和权力；委托人的职责；仲裁机构及仲裁方式；咨询方式及支付方式等。

国内勘察设计业的合同管理相对较晚，1996 年，建设部与国家工商局制定并颁布了《建设工程勘察设计合同管理办法》、《建设工程勘察合同》和《建设工程设计合同》文本，并要求在我国境内承担建设工程勘察设计任务的单位，统一使用以上两种合同文本，但在签订与履行过程中，仍存在当事人规避市场管理、权责不对称、政府管理干预过多、合同示范文本有不少缺陷等问题，仍待完善。

3. 取费标准

国外工程咨询的收费一般比较高，并对工程咨询在项目建设中所起的作用有较为充分的认识，不仅政府或专业人士组织、行业协会在制定收费标准时，会充分保障工程咨询者的利益，而且业主也对此会给予充分的理解。咨询收费的服务内容一般是为工程建设的全过程提供技术和管理咨询服务，具体的收费依据并不一致。如在德国，咨询工程师的收费主要依据建筑师和工程师学会制定、经政府认可的《建筑师和咨询服务收费条例》，建筑师、工程师及其他咨询费总计约占工程造价的 7.5% ～ 14%；在美国，工程咨询的取费与服务范围、工程规模、工作深度及难易程度密切相关，如果业主从设计阶段就委托工程咨询，取费一般为工程造价的 10% ～ 15%，如果仅对施工阶段的工程建设进行监理，则咨询费一般为造价的 6% ～ 10%。

设计收费通常由市场决定。如在美国，司法部反托拉斯机构负责监察设计收费，政府和行业组织没有设计收费标准，完全由市场确定。20 年前，AIA(美国建筑师学会) 曾公布了一个收费价格标准，后被终止。为了解决客户与建筑设计公司在服务取费与设计质量上的矛盾，即客户希望以较低的价格得到较高质量的设计服务之间的矛盾，政府对此进行了相应规制。如英国 RIBA 制定了关于设计的基本质量标准 QBS(Quality Based Selection)，不管如何竞争，如何降低价格，设计质量必须达到 QBS 的质量标准。如果出现设计质量纠纷，RIBA 可以提供仲裁，如果设计企业质量没能达到 QBS，他们会建议业主通过诉讼等手段解决矛盾，这为保证设计质量提供了技术支持。

4. 企业市场监管

对勘察设计企业的管理，国外普遍采取宏观调控与行业协会微观约束相结合的机制。其中，政府部门负责制定勘察设计业的总体规划，制定与勘察设计业有关的法律、政策和标准，以合同方式促进政策的实施。如英国政府为避免和减少欺诈、鼓励在合理低价的前提下开展有序竞争，主要通过法律手段监管设计企业的市场行为，包括欧盟竞争法案、英国竞争法案、公平贸易办公室、RIBA 行为准则、ARB 行为准则、竞争性招标、以质量为基础的优选、建筑活动监管的法律和法规、ARB 的注册管理等。美国各州设计执照委员会对持有设计执照人员进行监督管理，如果有违规行为，则可以给予警告、罚款 500 ~ 10 000 美元和吊销执照等处罚。美国政府部门、NCARB、AIA 等学会、委员会都有专门的监督机构，对咨询设计企业和人员的市场行为监督管理，一旦出现纠纷，主要是通过法庭解决。

自律性行业协会是促使勘察设计市场良性运行的有力保障。自律性协会一方面代表咨询机构和咨询者个人利益，负责同政府及有关团体联系，另一方面将政府的法规、政策化为具体的制度和方法，用以约束、规范执业人员和公司的行为，如国际咨询工程师联合会，是国际工程咨询业最具权威的自律组织，其所制定的职业准则及各种规范性文本，在国际工程承包、国际工程咨询和监理等业务活动中，已被广泛应用，是规范勘察设计市场的重要依据。

（五）国际勘察设计行业发展对北京行业发展的启示

1. 国际勘察设计测绘行业制度启示

考察国际勘察设计测绘行业的主要制度，可以发现，从市场准入、项目管理、企业经营、招投标管理到市场监管的各个环节，国外勘察设计测绘行业的制度运行环境都相对较为成熟，这与其健全和完备的法律制度、注册体制、保险制度、市场信誉、科技环境等方面不无关系。成熟健全的制度环境，通过降低市场交易成本，有力地提升了企业的市场竞争能力；通过明确权利责任，确实保障了勘察设计测绘质量、安全和环境；通过构建公平竞争的市场机制，优化配置了行业结构与人才结构；通过构建良好的绩效考核机制，充分调动了各方主体的积极性与创造力；通过发挥行业协会组织的作用，较好地破解了行业发展中存在的市场失灵与政府失灵；通过创新应用建筑信息模型等科学管理体制，有力地提升了整个行业的生产效率；制度创新助推勘察设计测绘行业生产要素的优化配置，进而推动了整个勘察设计测绘行业的快速发展。

国内在勘察测绘设计行业制度创新方面做了不懈的努力，已经形成了以“一法”、“两条例”、两个“部长令”以及相关配套文件为支撑的较为完备的法规体系，一定程度上确立了企业的市场主体地位，增强了企业活力，拓宽了政府服务功能，推进了勘察测绘设计技术创新，促进了近年来勘察设计测绘行业的快速发展。总体而言，勘察设计测绘行业的市场机制仍不够健全，深入推进国内勘察设计测绘行业发展，仍需着力改变市场秩序不够规范、行业管理体制不够顺畅、市场准入制度有待完善、设计招投标制度尚需改进、行业结构不够合理、企业改革尚待深入等现实问题，需要进一步优化勘察设计测绘行业发展的制度运行环境。

随着国内工业化与城镇化进程的快速推进，地上地下整体规划、协调建设、立体化的发展格局将为我国勘察设计测绘行业发展提供较大的发展空间。与此同时，WTO 过渡期行将结束，勘察设计测绘行业调整力度将会明显加大，国外设计单位获取资质后将从事完整意义上的建筑设计活动，境外设计机构的权益和责任将实现对等，将带来更加公平、公开、公正的竞争。外部环境的巨大变化，需要中国勘察设计测绘行业主体深入反思企业发展模式，基于行业管理现状及存在的主要问题，参照国外成熟的行业发展规范，采取切实有效的措施，内优制度环境，外推企业发展。

2. 勘察设计测绘行业制度创新切入点

市场是配置资源的有效手段。制度创新可降低市场交易成本，提高市场交易效率，确保市场的良性运行。基于国外勘察设计测绘行业制度创新经验分析，促使国内勘察设计测绘行业发展由政府主导向市场主导转变，由微观管理向宏观管理转变，逐步发挥市场机制在勘察设计测绘行业中资源配置的基础地位，应是国内勘察设计测绘行业制度创新的基本方向。需要说明的是，考虑中国国情与市场失灵，完全模仿西方市场经济国家的“政府—行业协会—企业”行业管理体制仍存在困难，需要适度发挥政府在管控市场失灵与培育产业发展中的重要地位，侧重优化市场运行的制度、规则和安排。

基于国际勘察设计测绘行业制度创新经验、国内勘察设计测绘行业制度现状、国内勘察设计测绘行业发展环境与趋势及勘察设计测绘行业制度创新切入点，结合北京市勘察设计测绘行业发展特征与发展需求，研究制定北京勘察设计测绘行业制度创新体系，即以完善市场运行体系为方向，以优化市场促进体系为支撑，以构建知识产权保护和服务体系为核心，以推进重点项目服务体系为要点，深化勘察设计测绘行业制度改革，搭建北京勘察设计测绘行业发展平台，借此提升北京勘察设计测绘行业的核心竞争力，推进北京设计之都及世界城市建设。

适应 WTO 过渡期结束后市场竞争压力与国内勘察设计市场发展需求，加快建立健全现代化的市场运行体系，创造公开、公正、规范的行业市场环境，建议：

①探索、完善符合中国国情、北京市情并与国际惯例接轨的工程勘察设计准入制度。淡化单位资质，重视个人职业注册资格和单位实力、技术、业绩和信誉；改进个人执业资格制度，合理界分工程勘察设计单位和勘察设计人员的责任；拓展企业业务范围，促使单一的设计单位向工程总承包、工程咨询、项目管理方面过渡，打破行业界限；增列合资合作及外商独资企业管理、专业人员注册执业管理互认办法等相关条款。

②改善勘察设计测绘行业市场服务。发展勘察设计测绘行业生产要素市场和中介服务市场，完善勘察设计测绘市场交易细则，加大勘察设计测绘市场监管力度，构建统一开放、竞争有序的勘察设计测绘市场，降低市场交易成本。

③逐步确立法律规范、政府监督、行业自律的行业管理体制。北京市工程咨询协会作为工程咨询业自律管理组织，建议建立基于市场主体和执业人员信用档案的信用等级评价体系，依托行业信息化平台推进诚信体系建设，通过资质管理、市场准入、招标投标、设计保险、施工图审查、表彰评优等工作环节和渠道，管控勘察设计测绘行业的市场行为。

④积极培育具有国际竞争力的大型勘察设计测绘单位。鼓励发展拥有自主知识产权与知名品牌，具有较强国际竞争力的大型骨干勘察设计测绘单位；加强市内骨干勘察设计测绘企业与国内外知名企业合作，支持市内骨干勘察设计

测绘企业联合或兼并科研、设计、施工等地方企业，形成具有全过程服务能力的大型国际勘察设计测绘公司；鼓励市内勘察设计企业“走出去”，拓展业务市场。

⑤支持并引导中小企业发展。中小企业是技术创新的重要源泉，在市场空间一定的情况下，鼓励中小企业改建为专业设计事务所或工程咨询设计公司，承担某一专业或某种专业技术的咨询设计任务，实现错位发展。

五、展望 2015：以打造“北京设计”为中心战略，实现新一轮起跳

（一）勘察设计产业以软实力提升应对发展的战略调整

勘察设计是城市化建设的灵魂，科技转化为现实生产力的关键环节。勘察设计行业是国家转变发展方式、调整产业结构、培育新兴产业的一支重要力量。工程设计水平是国家重要的软实力，是国家工业现代化水平的一个标志。

在 21 世纪国家经济重大战略性转变过程中，自主创新实力的增强是转变的主轴。在产业链中，以研发为主的知识型生产性服务将越来越占据要位，并以拥有自主创新的核心技术占领产业前沿，提高我国的核心竞争力。这是我国从一个“制造业大国”走向制造业强国的必由之路。

以研发为主的知识型服务大发展不仅仅必然地促进第三产业全面提升，同时，由于知识在一、二产业生产要素中比重的扩大，也将大大提高我国的现代化水平。勘察设计产业是生产性服务业的高端业态，也是科技服务业的重要组成部分，对提升国家自主创新能力、加快产业结构调整升级与经济发展方式转变具有积极的促进作用。

另一方面，“中国特色世界城市”对勘察设计行业的文化软实力提出了更高要求，因此，提升勘察设计作品的文化内涵，增强勘察设计师的历史责任感，提高勘察设计精品数量成为北京勘察设计行业打造“北京设计”的首要任务。勘察设计作品将更加注重文化内涵，历史文化的传承，秉承“科技、绿色、人文”理念，使“精心设计、诚信设计、一流设计”成为“北京设计”的内涵诠释。勘察设计师将更加注重“以人为本”，以提高人民生活水平、提高生活便利性、提高生活品质为勘察设计的出发点和落脚点，增强历史责任感和使命感。行业将更加注重树立“精品意识”，打造一批具有中华文化底蕴、设计一流、质量一流、服务一流、社会认可度高的精品项目，全面提高北京勘察设计行业的辐射力和影响力。

新中国成立以来，我国的勘察设计行业经历了几次改革，对传统的旧的勘察设计模式产生了较大的冲击，勘察设计的职能和效率不断改善和提高，推动了城市的现代化发展。随着我国城市化建设的全面展开，国际化的进一步升级和国际合作向纵深方向发展，勘察设计的行业规模和水平在未来 20 年将达到一个新的高峰。

未来几年，勘察设计从服务高端化战略出发，按照应用主导、面向市场、网络共建、资源共享、技术创新、竞争开放的发展思路，加速推动勘察设计企业高新技术化，提高勘察设计产业在国民经济中的比重。

（二）通过创新驱动，建立完善要素市场体系

勘察设计测绘产业属于典型的高附加值、低资源消耗产业，其在产业转型中的地位更加突出，成为我市变“世界工厂”为“设计之都”的重要媒介。牢牢把握加快转变经济发展方式这条主线，坚持以经济结构战略性调整为主攻方向，坚持以科技进步和创新为重要支撑，坚持以保障和改善民生为根本出发点和落脚点，坚持以建设资源节约

型、环境友好型社会为重要着力点，提高国家的软实力。

以自主创新战略推动产业结构的进一步调整。我国在近 30 年的产业结构调整中，增长方式已经逐步由外延型转向内涵型。这种转变表现在产业结构方面，正在逐渐从以劳动密集型的扩张为主转向以提高质量和效率为主。应该说，这是经济发展的必然规律。在我国增长方式战略转变的过程中，北京以自主创新知识性服务业的优势，率先实现了这一转型，并对所在区域和全国的转型起到积极的推动作用。

加入 WTO 以来，勘察设计测绘产业成为综合国力竞争的重要因素，丰富创意设计已成为人民的热切愿望。以北京为例，城市发展正处在工业经济后期，勘察、测绘、设计行业正在逐步超越行业、区域，成为新的重要生产要素。勘察设计测绘行业的发展日益成为北京软实力的重要组成部分。

从高技术产业比重大的特点出发，以实现高新技术产业和勘察设计测绘行业互动融合为突破口，改造提升当前具有相对优势的勘察设计测绘重点企业，以点带面，全面繁荣勘察设计测绘行业。

加快促进产业升级，综合运用政策、项目、公共服务平台等多种手段，建立勘察设计测绘产业创新体系，增强深度研发能力、增值能力和市场营销能力，使创新成为勘察设计测绘行业发展的灵魂。

创新引领勘察设计测绘产业作为转变城市经济增长方式、优化产业结构、提升城市综合竞争力的重要着力点，利用行业对外开放程度高和国际行业间联系密切的优势，加快国际化步伐，积极探索面向国际市场的勘察设计测绘行业发展新模式，充分发挥行业高技术产业比重大和城市文化多元的特点，强化创意、创新、创造的城市精神，引领区域勘察设计测绘产业发展的新趋势，坚持经济效益和社会效益相统一的原则，在充分发挥勘察设计测绘产业对城市经济发展的促进作用的同时，引导勘察设计测绘产业走创新之路，不断满足人民群众日益增长的精神文化需求。

创新驱动发展已经成为时代的强音。当前，世界经济、政治格局面临新变化，全球科技创新孕育新突破，我国转变经济发展方式取得新进展，勘察设计承担着国家基本建设的重要任务，也是其发展的不竭动力，勘察设计创新是城市创新的先导，城市创新要求勘察设计理念创新、技术创新和精细化方法创新。

（三）科学规划，确定发展定位

世界进入自主创新主导期。进入新世纪后高新技术产业中的勘察设计行业逐步进入成熟期，我国勘察设计行业则逐渐进入成长期，呈现出良好的发展态势，在当前一代和未来几代之间的自主创新发展链中蕴涵着大量的机遇，在产业聚集、配套互补、龙头互动的趋势下，勘察设计行业的集聚更引发服务经济的高端化。

总之，未来 5 年乃至更长时期，我国以新兴工业化和城市现代化为坐标系定位发展，在更高层次上参与全球分工与竞争，经济总量和质量将大幅提升，后工业社会特征将逐步显现，国际化程度将进一步提高。勘察设计面临发展动力转换、产业结构调整和升级的任务，将更加注重创新驱动、高端引领、绿色发展；同时，也将更加重视数字化、精细化设计管理在城乡建设中的基础作用，更加重视行业的顶层设计、战略规划和制度创新，进一步确立勘察设计行业在国民经济社会发展中的定位。

北京工程勘察设计行业协会行业调研交流报告

北京工程勘察设计行业协会

根据中国勘察设计协会《关于共同做好工程勘察设计行业专题调研工作的通知》精神，北京工程勘察设计行业协会组织人员开始研究，收集有关资料，对30余单位下发了《工程勘察设计单位专题调查表》，召开了部分设计单位的座谈会，对各单位提交的调查表内容进行了汇总，并将行业发展的一些对策集中反映在协会今后2～3年工作思路中。调研中反映的主要问题汇总如下。

一、关于推动行业节能减排

1. 北京城市建设在“三个北京”目标的引领下，节能减排工作得到了具体落实，取得了显著成绩

北京在“科技奥运、绿色奥运、人文奥运”三大理念指导下，奥运建筑的建筑节能和绿色建筑创新取得了有目共睹的成绩。奥运后，三个奥运建设的理念扩大到三个北京(即人文北京、科技北京、绿色北京)的建设，实质就是在城市建设中落实科学发展观。政府、协会与企业都以极大的责任感落实节能减排的各项任务，取得了可喜的进展。

北京市发改委、市规划委、市住建委对建筑节能减排的立项、规划设计、施工图审查、建设施工等建设全过程，都确立了节能目标，制定了评价与审查办法、技术规定与检测办法，以及各种激励的政策，政府重视有力地保证了节能减排工作的深入开展。现在，北京的新建建筑，包括住宅和公建，分别达到了比20世纪80年代节能65%和50%，节能水平位居全国前列。

调研中反映出各企业对节能减排都给予了充分的重视。很多企业都加强了对此工作的领导，成立了节能减排领导小组，确定了节能减排工作责任制，如北京建筑设计院和建设综合勘察研究设计院还专门成立了绿色建筑所和环境与节能所等专业机构。中国建筑院、航空院等单位还专门制定了节能减排技术管理规定等。

很多企业在节能减排技术的开发上也有较大的投入，北京两个带头大院，北京院和中国建筑院每年都有2 000万元以上的科技投入和不断开发的新技术，并取得了一批专利和专有技术，应用在工程设计的实践中。如中国建筑设计院取得了初期雨水弃流池等9项专利，在绿色建筑技术、建筑维护结构热工设计、机电系统节能设计技术、可再生能源应用、小区中水与雨水利用技术，以及在能耗、风环境、光环境等模拟技术研究上，都达到了国内领先水平，有的达到了国际领先水平。

北京市属的一些中小设计院也自觉地应用绿色建筑设计。如北京水利设计院也在专业设计中开发应用了节能减排技术，在南水北调惠南庄泵站采用了大流量、低扬程的变频泵组，适应各种状况，有效降低了能耗。总之，“十一五”期间，特别是近两年来，很多勘察设计企业已经在节能减排上逐步走上自觉，并取得了很多成果。

近年来，北京勘察设计协会对节能减排工作也给予

了充分的重视，对节能减排的理念和技术组织了大量技术交流和参观考察活动，开展了各种形式的业务培训、四新技术的推介，以及组织一些技术上的专项研究等。协会成立了专门的培训中心，承担了70%注册师的继续教育，组织参观德州太阳能应用基地、上海世博会、北京及外省市的节能绿色小区等，都得到会员单位的欢迎。此外，协会还与一些新建材、节能设备厂商共同组织节能产品的推介会等，通过协会的平台，有力地推动了节能减排工作的开展。

协会在市规划委和业内一些企业的支持下，曾组织专家开展过了《资源节约型居住区技术措施》和《北京地区地源热泵系统工程应用设计和勘察技术导则》两项研究，第一项研究在市规划委开展的节约型试点居住区时制定的《节约型居住区指标》基础上，以节地、节能、节水、节材和环保（即“四节一环保”）为重点，收集与研究适合北京地区住宅规划设计的技术方法，使试点居住区的建设达到资源节约型居住区评估标准的要求；第二项研究是针对地源热泵开发浅层地热资源的新能源技术，作为当前社会关注的热点，得到社会诸多方面的重视和认可，技术虽日趋成熟，但也不乏失败的教训。针对当前业内很多设计人员对这项技术还不很熟悉，立题调研，为设计人员选择应用该项技术提供必要知识，了解和掌握开发这项新能源技术的环境与资源条件和设计、设备运行及监测等技术关键，减少盲目性。

协会的研究报告通过刊物和网站发放给全体会员单位，既得到了业内人士的认可，也得到行业内企业的欢迎，比如，对于第一项研究，得到中冶京诚等一些建筑设计研究院的反馈，“积极组织院内认真学习，并在设计项目中逐项应用和落实。此技术措施已发至各专业负责人，认为该技术措施很实用，具有前瞻性和指导性。”

2. 节能减排工作给勘察设计行业发展带来了新的机遇与挑战，协会要在引领和推动节能减排工作上发挥积极的作用

在调研会上，大家普遍认为，无论是节能减排、循环经济，还是绿色建筑，这些提法归根到底就是贯彻可持续发展的战略。应该看到，当前我们勘察设计行业在节能减排上还存在很大差距。主要是对建设工程项目起决定作用的项目策划、规划和设计阶段在贯彻节能减排上还缺少有力措施。现在的建设体制由于开发商主导着建设工程的投资、目标、使用方式以及建材与设备选购等，对建筑的品质起着决定权，设计师与开发商之间还没有真正建立起良性互动机制，一些有为的建筑师往往也难于发挥作用。亟待从意识到方法上都要加快寻求解决的途径。

在我们召开的调研会上，一些单位认为，目前节能减排的形势还是处于设计单位在技术上的“蓄能”阶段，做好应对即将到来的，以国家把降低能耗和二氧化碳排放强度作为约束性指标，而带来的开发建设认识上的飞跃。现在不做准备，将来就会失去市场竞争力。比如，北京勘察院去年就建立了地源热泵的开发机构，但一个项目也没有接到，而今年，所接的项目都忙不过来，这确实还存在节能减排理念的提高和市场发展的一个过程。今年，建研建筑设计院成立了绿色建筑的咨询机构，现在就有不少咨询任务，这是因为很多开发商和设计单位不知怎样做绿色建筑。大家认为，设计单位现在绝不能坐等，而是应该积极地开发新技术，在即将到来的节能减排的新形势下争取主动。

节能减排新技术、新材料、新工艺的应用还存在着技术标准不全、审批程序不清等问题，政府还应该继续出台一些更有针对性的激励政策，并加以配套。现在，对绿色建筑理念也有不同的看法，需要业内专家进一步开展研究、探讨，统一认识。还有很多设计单位反映，新节能技术产品成本往往要高于常规设计，而现在市场上低价竞争，设计费过低也是影响节能技术开发应用的一个重要原因。

我们行业肩负着节能减排的社会责任，这既是

“十二五”期间的重要任务，也是行业发展的一个机遇。因为节能减排、循环经济、低碳技术等将指导我国产业政策的制定。产业政策为企业指出了发展的方向与方式，也就是企业努力的切入点。因此，一定要认识到这是企业发展的一个机遇。

调研中，大家认为我国勘察设计行业改革开放以来，已经实现了市场化，绝大多数勘察设计单位实现了企业化经营，虽然有条件的设计单位在技术进步上有不少投入，但是，大量的设计单位还是忙于应对市场，无暇顾及技术的投入，先进技术信息的取得也有很大的局限性。长此以往，将极大影响行业的发展后劲。为推动绿色建筑发展，政府要不断研究，出台政策，以及不断提高各项技术指标，但政府不能代替企业研究技术，当然，技术的发展最终还是要通过市场机制来促进。

协会的最大优势就是信息的集中，以及人才的集中。协会要充分利用其联系企业、政府的桥梁和纽带作用，以及相互沟通的平台作用，组织交流、研讨节能减排的理念、技术，协会更要发挥组织行业优秀设计人员，就技术进步中的热点、难点问题进行攻关的优势，引领行业深入开展节能减排工作。当前协会开展的业务培训，特别是注册建筑师和注册结构工程师的继续教育培训的必修课与选修课的内容，都是围绕绿色建筑、建筑节能、绿色建材和新能源等节能减排的内容进行选题，在更新知识、推动行业队伍素质提高上起了至关重要的作用。北京勘察设计协会最近还多次请业内的专家开展节能减排的公益讲座，都很受企业的欢迎。

中国勘察设计协会在转变协会工作方式中，指出了组织制定标准规范是行业协会的一项重要任务。这将是协会推动以节能减排为中心的行业技术进步的重要内容。特别是在当前，一些新技术、新材料、新工艺标准、规范不完全的情况下，协会要鼓励与组织企业编写企业标准，当条件成熟时，在政府制定的标准体系框架内，逐步上升为行业标准，推动节能减排技术和新材料、新工艺的应用。鉴于今后对绿色建筑评估发展的需要，也有建议协会成立评估机构，推动这项工作。

总之，如何发挥出勘察设计行业的先导作用，要依靠政府、行业协会和各个勘察设计单位积极研究探索，任重道远，协会应为此做出更多、更大的贡献。

二、关于发挥评优引导作用，推动行业技术进步，提高工程勘察设计质量安全的水平

北京市优秀工程勘察设计奖是北京市政府颁发的勘察设计行业的最高奖项，由北京市规划委员会主办，多年来一直是由行业协会承办，接受北京市勘察设计与测绘管理办公室的指导和监督。评选工作遵循实事求是、科学严谨和公开、公平、公正的原则。评选工作与中国勘察设计协会的安排一致，每两年评选一次。进展较顺利，评选的专家有权威，评选的质量也较高，在行业内有较好的口碑。每次申报项目都能保证数量和质量。

评优创优活动的开展，激发了广大勘察设计人员的创作热情，营造了良好的创作氛围，所评出的优秀工程设计项目在技术创新、开发专有技术、推广应用新技术、新材料、新工艺等诸多方面逐年都在提高，尤其是奥运项目取得了令人瞩目的成果。从近年来申报项目看：

2005 年，第十二届优秀工程设计和第九届优秀工程勘察申报项目 227 项。

2007 年，第十三届优秀工程设计和第十届优秀工程勘察申报项目 313 项，比上届增长 37.88%。

2009 年，第十四届优秀工程设计和第十一届优秀工程勘察申报项目 429 项，比上届增长 37.06%。

从近年来获奖项目看：

2005 年，第十二届优秀工程设计和第九届优秀工程勘察获奖项目 164 项。

2007 年，第十三届优秀工程设计和第十届优秀工

程勘察获奖项目 229 项，比上届增长 39.6%。

2009 年，第十四届优秀工程设计和第十一届优秀工程勘察获奖项目 324 项，比上届增长 41.48%。

以上数据可以看出，各勘察设计单位积极参与的程度在逐年增加，也说明评优活动在推动勘察设计单位的技术进步，树立创优意识，提高创新能力和繁荣创作，促进勘察设计质量与水平的提高发挥了重要作用。同时，优秀工程设计获奖又是勘察设计技术人员评定职称的参考，因此，评优工作对于人才队伍的建设也起了重要的作用。

北京市在 2005 年前还进行过三届中小设计单位勘察设计项目的评优，同样作为市优奖励，得到了中小单位的欢迎。2005 年以后停止了这项评优。现在，北京市规划委正积极开展研究，对评优的标准、评选方法和程序进行规范，并针对中小勘察设计单位的诉求，准备开展中小工程勘察设计项目的评优方法。

除了我们行业内的评优以外，协会还积极参加和与同业协会共同组织过很多社会上的评优活动。如北京市的奥运评优、新中国成立后全国百项经典及精品工程评选、北京当代十大建筑评选和每年一届的首都城市规划建筑设计方案评选等，这些评优活动对勘察设计水平的提高也起到了积极的作用。

在这次调研中，也有不少单位对评优提出了一些建议，一是希望每次评优都要在创作理念、设计技术等方面进行认真总结，不仅要在业内宣传，在推广评优成果方面加大力度，组织技术交流，发挥政策引导作用，引领行业技术进步；同时也要注意开展社会宣传，提高对优秀勘察设计价值的认识，提高设计师的地位。二是评优要区别优和新，优是质量水平，新是创新，评优时要在平衡项目获奖中，注意调动创新的积极性。三是要注意针对不同层次的工程项目分别设奖，不能只评建筑规模大的和有重大社会影响的项目。四是在评选的方法上，由于专家对于评奖指标理解会存在差异，建议有些指标可以量化，比如：节能降耗的单位能耗标准、经济效益、环保效益指标、可推广应用的前景等，还应该建立动态的专家库，将使评选更为科学。

为引领行业技术进步，最近北京勘察设计与测绘管理办公室和协会正在推动企业进行高新技术企业认定工作，把国家的创新激励机制，扩大到勘察设计行业，这是我们行业发展的一次机遇。现在北京已有 40 多家勘察设计企业取得了高新企业认定，我们将以此作为推动行业创新的契机，特别是要探讨长效的人才激励机制，为企业发展做好各项服务工作。

标准是控制工程质量的生命。一些工程勘察单位提出，要加快推出工程勘察行业技术标准体系，目前，岩土工程勘察和相关测试、试验等方面的国家、行业、地方标准层次不清、重复等问题较为普遍，制约岩土工程师的创造力和法定责任的履行。而工程设计中也同样存在着标准不全不清的问题。需要协会协助政府统一研究。

三、近 2～3 年工作设想

2009 年第六届北京工程勘察设计行业协会贯彻解放思想、认清形势、抓住机遇、迎接挑战，确定加强协会自身建设和把握提供服务，反映诉求、规范行为的宗旨，为会员、行业、社会、政府服务两大任务。以依法办会、民主管理、行为规范、自律发展为目标，为打造适合市场经济需求的行业协会奠定基础。

今后几年，协会工作的主要思路是：认真学习党的十七届五中全会的精神，围绕北京城市总体规划和经济社会发展大局，深化“三大理念”，提高企业核心竞争力，实现北京市经济又好又快地发展。

（1）加强调查研究，特别是行业发展的战略研究。协会要组织行业与企业学习贯彻《中共中央关于制定国民经济和社会发展第十二个五年规划的建议》，积极协助市规划委、市勘测设管办公室编制北京地区的行业第十二个五年发展规划，要针对我国经济体制改革深化和经济结构转型和建设世界城市，后奥运的传承、改革、创新、发展，加强调查研究，做好行业交流，明确协会引领行业发展的各项工作目标。

(2) 协会要努力推动行业各企业担负起节能减排的社会责任。“十二五”期间，要为行业节能目标提供正确的理念、技术经济政策和各种技术支持，努力发挥勘察设计建筑节能的龙头作用。继续组织技术人员培训；组织国内外的技术交流，普及推广新技术、新产品、新材料、新工艺；加强对可再生能源在工程建设中的应用，研究和推广农村建筑设计标准和通用图集。协助政府开展绿色建筑设计评估，以及宣传和推广在节能减排中的先进企业和技术人员。

(3)认真完成建设部的技术人员教学大纲培训要求，扩大培训规模，创新培训水平；增加符合北京地区必备的公益型讲座。加强人力资源建设，发挥人才对行业发展的支柱作用。

(4) 努力推动行业的技术进步，促进勘察设计质量与水平的提高：

①要继续做好勘察设计评优工作，北京的优秀设计过程评选工作定位是政府奖，是由规划委主办。协会是承办单位。当前工作是参与制定《评选管理办法》。依据不同类型会员单位的诉求，将努力开辟中小型有特色的工程项目的评选。

②推动高新技术企业认定工作。为完善国家创新的激励机制，今年在国家和北京科技行政管理部门开展的高新技术企业认定中，已经扩大到勘察设计行业，这是行业发展的又一个机遇。其认定条件主要是人才资源、科技的投入与产出和拥有自主知识产权上的要求。它将有利于进一步推动行业的技术创新，经过市科委批准后，企业进入高新技术产业企业名录，走科技类型的合同，同时享受税收的优惠、资金和人才引进上的支持。

③协助政府研究行业和地方标准规范工作。要继续完成协会承担住房和城乡建设部《房屋建筑和市政基础设施工程施工图设计技术审查要点》编制工作。在政府部门的统一部署下，组织行业中企业和行业内专家，开展有关行业内主辅专业领域的技术标准、规范的编制和宣贯工作。

④努力推动行业信息化建设，推动软件正版化，继续推进协同设计，注意引导和提升中小设计单位信息化建设水平，同时，积极支持开展三维软件的研究推广。

⑤研究组织工程勘察设计成果和技术创新突出贡献工程技术人员和企业家的事迹宣传，以及各类型论坛讲座交流活动。

⑥扩大勘察设计责任保险工作，化解市场风险。

(5) 努力促进行业自律。营造良好的市场环境，为会员单位强化主业优势，发展高端业务，延伸产业链，促进多元化经营，提高企业市场竞争力提供服务。按照中国勘察设计协会和地方主管部门要求，组织做好行业勘察和建筑设计企业的诚信评估工作，促进行业自律，努力促进市场秩序的好转；配合政府主管部门研究如何加强执业注册人员管理的日常事务性工作。

(6) 推动行业的企业文化建设。依托协会的企业文化专业委员会，交流企业文化建设的经验，推动行业企业文化的建设水平，继续在行业内开展多样的文化体育活动，提高协会的凝聚力。

(7) 加强协会自身建设。本届协会与市规划委、勘察设计与测绘管理办公室建立了更为通畅的沟通机制，有效发挥了促进行业发展的互动作用。协会以健全组织结构为重点，完善规章制度为手段，增强服务功能为目的，努力把协会办成会员之家、行业之家、企业家之家，搭建一个和谐的工作平台。

要进一步加强协会基础信息、专家库、企业信息库建设和维护；发挥参谋和咨询作用；继续办好会刊《北京勘察设计》、《北京勘察设计讯息》、网站等交流平台，扩大协会会员的数量，扩大协会的影响。

《北京市勘察设计测绘高新技术企业政策研究》调研报告

《北京市勘察设计测绘高新技术企业政策研究》课题组

为全面贯彻科学发展观，落实建设创新型国家和首都创新型城市的战略部署，积极应对经济全球化、产业结构调整以及金融危机带来的挑战，为企业提供扶持政策，引导鼓励企业走创新型发展道路，推动勘察设计测绘行业科技进步，北京市勘察设计与测绘管理办公室（以下简称“市勘设测管办”）组织开展了北京市勘察设计测绘高新技术企业政策研究的调研。

一、调研基本情况

调研课题从2009年4月由市勘设测管办开始前期工作，成立了由市勘设测管办和北京市勘察设计研究院有限公司、北京市市政工程设计研究总院、中冶京诚工程技术有限公司等单位组成的课题组。5月底课题组召开了开题会、座谈会，发放调研问卷并汇总反馈情况，与高新技术企业认定主管部门进行了初步沟通，对行业单位进行实地调研。在此基础上，形成了调研报告初稿，经过多次讨论，听取有关专家的意见，进行反复修改，形成了调研报告报审稿。

2009年5月，课题组召开了《北京市勘察设计测绘高新技术企业政策研究》开题会

二、调研的时代背景与现实意义

（一）国家发展战略的要求

面对经济全球化、信息化不断加快发展所带来的机遇和挑战，只有依靠科技进步和创新，调整经济结构、转变发展方式，才能不断提高国家竞争力。《国家中长期科学和技术发展规划纲要（2006−2020）》提出，到2020年，我国要进入创新型国家行列。《中共北京市委北京市人民政府关于增强自主创新能力建设创新型城市的意见》提出，到2020年，北京要进入世界创新型城市的先进行列。在当前国际金融危机的大背景下，振兴全球经济的根本解决之道仍在于技术创新的重大突破（引自中国科技部部长万钢在中国国际节能减排和新能源科技博览会高峰论坛的致辞）。国务院在2011年3月做出批示，同意支持中关村科技园区建设国家自主创新示范区，努力培养和聚集优秀创新人才，着力研发和转化国际领先的科技成果，做大做强一批具有全球影响力的创新型企业，培育一批国际知名品牌。在此环境背景下，市勘设测管办组织了本次调研活动。

（二）应对经济形势的需要

由于受到2008年开始的金融危机的影响，当年第四季度我国固定资产投资出现了比较明显的回落，外部需求严重萎缩、内部需求增长缓慢，导致经济增长速度大幅下滑。工程建设量减少，勘察设计行业利润总额出现下降，同比减少28%。为了缓解金融危机所导致的冲击，国家做出4万亿投资的决定，投向国民经济和社会发展的重点领域和薄弱环节，以加快建设保障性安居工程、民生工程、基础设施、社会事业、灾后恢复重建等方面，这给勘察设计测绘行业带来了一个重要的发展机遇。面对着一个前所未有的挑战和机遇并存的局面，如何把握机遇，战胜挑战，非常重要的一条就是要大力提升科学技术这一第一生产力，增强企业的竞争力。

（三）行业发展进步的需要

北京市现有1 000多家勘察设计测绘单位；从业人员109 167人，其中注册建筑师2 872人，注册工程师4 092人，其他注册师2 871人；经济产值完成合同额共计2 387 337万元；科技成果转让收入511 966万元，拥有专利1 999项，专业技术2 166项，获得1 028项国家级、省部级奖项，为首都建设发展做出了重大贡献（引自2008年勘察设计行业年报）。

勘察设计是建设项目的灵魂，是把科技成果转化为现实生产力的纽带和桥梁，创新能力是行业单位可持续发展的内在动力。因此，作为行业的主管部门，我们要引导、鼓励各单位加强科技创新，拥有自己的核心知识产权，从而提升行业单位的抗冲击能力，促进勘察设计测绘行业健康、和谐、可持续发展。

《北京市勘察设计测绘高新技术企业政策研究报告》评审会现场

结合本次调研结果发现，行业单位对成为高新技术企业也有着强烈的意愿。愿意申办高新技术企业的单位占到问卷单位的85%以上，已认定为高新技术企业的单位有22家，有19家正在积极申办，希望能够得到政府主管部门的指导。说明本次调研课题切合实际，符合行业单位的需求。

三、高新技术企业认定标准、程序及优惠政策和效益

（一）认定标准和认定程序

我国自20世纪80年代以来，一直致力于扶持高新技术企业发展。国家科委1996年颁布了《国家高新技术产业开发区外高新技术企业认定条件和办法》（国科发火字[1996] 018号），是我国首个针对高新技术企业认定管理的规定；2000年出台《国家高新技术产业开发区高新技术企业认定条件和办法》（国科发火字[2000]324号）；在积累多年管理经的基础上，国家科委于2008年对原文件进行修改，制定实施新版的《高新技术企业认定管理办法》（国科发火字[2008]172号），指导高新技术企业认定管理工作。

根据新《办法》的规定，高新技术企业认定须同时满足知识产权、产品（服务）领域、科技人员数量比例、研发投入与销售收入比例、高新技术产品（服务）收入与总收入比例等 6 个方面的要求；满足要求的企业，可向认定机构提交申请材料。根据企业的申报材料，由认定机构抽取高新技术企业认定评审专家库内的专家对申报企业进行审查。通过审查的企业名单将在“高新技术企业认定管理工作网”上公示 15 个工作日，没有异议的，在网上公告认定结果，颁发证书。

高新技术企业证书

（二）成为高新技术企业所带来的效益

课题组通过走访申办成功的行业单位、汇总调研材料，发现成为高新技术企业可以为企业带来多方面的效益。

1. 税收

高新技术企业所得税适用 15% 的优惠税率，比行业非高新技术企业通用的 25% 的所得税税率要低 10%，同时还享受促进技术创新和科技进步的税收优惠政策：

一个纳税年度内，企业技术转让所得不超过 500 万元的部分，免征企业所得税；超过 500 万元的部分，减半征收企业所得税。

企业开发新技术、新产品、新工艺发生的研究开发费用，在据实扣除的基础上，再加计扣除 50%。

创业投资企业采取股权投资方式投资于未上市的中小高新技术企业 2 年以上的，可以按照其投资额的 70% 在股权持有满 2 年的当年抵扣该创业投资企业的应纳税所得额；当年不足抵扣的，可以在以后纳税年度结转抵扣。

企业的固定资产由于技术进步等原因，确需加速折旧的，可以缩短折旧年限或者采取加速折旧的方法。

2. 资金

高新技术企业能够更好地获得国家政策和资金的扶持。市政府通过技术创新资金、风险投资、贷款贴息、贷款担保、设立知识产权发展和保护资金、专项资金等形式，用于鼓励促进高新技术产业发展。

3. 人才

高新技术企业在为引进的人才解决入京指标、职工两地分居等问题上享受国家的优惠政策，对优秀人才有较大的吸引力，从而降低企业吸收高科技人才成本。

4. 提高竞争力

高新技术企业往往能获得更多的科技交流的机会，有利于促进自身的科技创新发展。国家鼓励的高新技术企业是知识密集、技术密集的经济实体，成功认定为高新技术企业会促进企业进一步加大研发力度，不断开发出新产品、新技术、新成果，提高企业的竞争力。

5. 品牌

高新技术企业的自主创新产品能够优先入选政府采购目录，在全国得到广泛应用，扩大自身的规模，树立良好的企业形象。在竞争中有利于树立自己的品牌。

四、调研反馈的北京地区勘察设计测绘行业单位现状

本次调研发放问卷 1 170 份，收回有效问卷 75 份，样品量较少，究其原因可能是以下两方面造成的：一是

有关部门对高新技术企业政策宣传不够，行业单位对此关注度不高；二是申办工作本身很专业，对于没有准备过申办材料的单位来说，搜集问卷所需要的信息比较困难，所以有一些问卷因反馈的信息度不够，不能作为采集的样本。

（一）单位性质情况

本次收回的问卷来自自收自支事业单位的有 7 份、国有企业 19 份、民营企业 49 份，基本符合行业目前事业单位、国有企业、民营企业的比例关系。同时也反映出民营企业对申报高新技术企业的关注度较高。行业有一定影响的大院和工程公司都参加了问卷调查。

（二）单位所拥有的资质情况

从本次调研问卷反馈的情况看，收到测绘单位的问卷较多，勘察设计单位反馈信息较少。所填报的测绘类资质数量占到全部各类资质数量的 1/5 以上，拥有测绘类资质的单位占到全部单位的 1/4 以上，其中拥有工程测绘（甲级）资质的单位有 12 家。结合行业单位自主知识产权的情况，这些数据可以反映出随着测绘行业市场化、产业化发展的进一步加深，市场竞争日趋激烈，对企业的要求越来越高，测绘单位为适应市场的需求，将测绘事业与软件开发技术相结合，创造出大量新型测绘产品和服务，容易形成自主知识产权，从而在申办高新技术企业上占有优势。

（三）自主知识产权情况

本次参加调研的单位共计拥有 238 项专利（包括 114 项发明、120 项实用新型、4 项外观设计）和 237 项其他自主知识产权（包括 221 项软件著作权、12 项著作权、3 项工法、1 项技术），以软件及软件相关的装置为主。

申报专利的单位有：国有企业 9 家、事业单位 2 家、民营企业 13 家；其中，国有企业申报 109 项、事业单位 20 项、民营企业 109 项。

申报其他自主知识产权的单位有：国有企业 8 家、事业单位 1 家、民营企业 17 家；其中，国有企业申报 41 项、事业单位 4 项、民营企业 176 项，以软件著作权为主。

分析以上调查结果，我们的行业单位都在逐步开展对先进技术申请专利权的保护工作；民营企业注重走传统测绘手段和现代化的信息技术相结合的科技创新之路，所以在其他自主知识产权方面，民营企业软件著作权的数量较高。

（四）凭借其他知识产权获得科技进步类荣誉、奖励的情况

本次参加问卷调查的单位共获得国家级奖励、荣誉 11 项，省部级奖和行业奖励、荣誉 198 项，市级奖励、荣誉 90 项，区县级奖励 4 项，其他各种奖励、荣誉 23 项。其中不乏很多如国家火炬计划、国家科技进步奖等重量级的奖项。这些荣誉、奖励不仅是对单位自身重视科研开发、不断提升技术水平管理意识的鼓励，也是对行业主管部门鼓励行业单位创新、积极推动技术进步工作的肯定。

（五）科技人员及科技投入情况

从调查问卷反应的情况看，大学专科以上学历的科技人员占企业当年职工总数的 30% 以上，其中研发人员占企业当年职工总数 10% 以上的单位有 45 家，占回收问卷单位的 60%；研究开发费用总额占销售收入总额的比例符合要求的单位有 24 家，占回收问卷单位的 32%；高新技术产品（服务）收入占企业当年总收入 60% 以上的单位共计 25 家，占回收问卷单位的 33%。调查数据证实，勘察设计测绘行业具有智力密集型行业的特征，人员素质高、科技人员比例大，符合高新技术企业对科研人员的要求。

北京市现有勘察设计测绘单位 1 080 家，从近几年情况看，已有中冶京诚工程技术有限公司、北京市勘察设计研究院有限公司、中国建筑科学设计研究院等单位通过认定，成为了高新技术企业。2009 年，北京市市政工程设计研究总院的申请通过了有关主管机关的审定，成为高新技术企业。

行业单位申办高新技术企业的情况说明，勘察设计测绘行业单位作为高技术密集、高智力集成企业，提供的产品、服务具有很高的技术附加值；通过把先进科技成果直接转化于生产建设中，发挥带动相关行业和产业技术创新发展的先导作用和推动先进技术工程化、产业化转化放大的杠杆作用。重视和鼓励勘察设计测绘行业的技术创新，不仅对行业自身发展具有重要意义，对推动国民经济又好又快的发展也具有积极作用。

五、行业单位申办高新技术企业遇到的问题及原因

国家为应对金融危机带来的挑战，出台了一系列扶持政策。因此，我们的行业单位在近期申办认定过程中有一个较好的外部环境，但在具体的工作中仍遇到了如下难题。

（一）政策理解困难

高新技术认定工作政策性强、专业性强，认定过程中需要对大量的相关文件读懂读透，还要进行周密细致的筹备工作。政府主管部门和企业对勘察设计行业所处的高新技术领域，还缺乏统一的认识和把握。

（二）自主知识产权认定难

本行业中存在着相当多数量的设计研究单位，他们的科研工作是以编制设计标准，在工程中推广应用新技术、新工艺、新材料等为主要内容，而这一过程也是应用创新和新技术的集成创新。但是根据目前的规定，标准规范的制定无法被认定为自主知识产权。

（三）研发投入与产品收益的认定问题

(1) 研发成果转化的认定标准不够明确。对于那些应用于产品的生产环节，而不是直接包含在最终的产品中的研发成果，其产生的效益难以量化。

(2) 现行的认定标准与行业现状之间存在差距。对于勘察设计企业，研发工作主要是结合工程项目进行，研发成果在工程中得以实现，多以施工图纸、设备图纸作为载体，一般企业员工既是研发人员也是工程设计人员。因此，人工费通常在企业研发费用中占有较大比例，而在高新企业认定的财务审计中很难将人工费归结为研发费用，造成研发投入所占比例达不到管理办法的规定。

（四）高新产品收入额达不到要求

高新技术收入的认定首先是技术市场合同认定，但现行的技术市场合同认定标准在操作中人为地割裂了勘察设计技术服务过程的整体性，对勘察设计测绘行业不适用，行业单位主要还是签订建设工程勘察设计合同，签订技术市场合同的数量不大，导致合同金额达不到高新技术产品（服务）60% 以上的要求。

（五）企业的成长性指标问题

企业的成长性指标在申请高新技术企业的评分体系中占了 20 分 (20%) 的份额。此项的满分标准为总资产增长率和销售增长率均应达到 35%。35% 的成长性要求，对于处在成长期的中小型企业会比较容易实现，而对于勘察设计行业中的大型企业，年均增长率达到 35% 则难度较大。

六、政策建议

根据调研中发现的问题可以看出，行业单位在申办高新技术企业中需要得到有关政府部门的政策支持，现提出以下几方面建议。

(一)市科委相关的政策建议

(1) 由行业主管单位会同市科委等有关部门，针对现行认定标准中存在的问题提出解决办法。

(2) 协调解决技术服务合同与勘察、设计、测绘合同矛盾之处，对现行的勘察设计合同文本进行修改，增加高新技术有关的条款，以便通过技术服务合同认定。

(3) 积极推荐勘察设计测绘行业专家进入高新专家库，为本行业单位通过高新技术企业专家评审提供技术支持。

(4) 通过深入的沟通和协调，建议国家制定相关政策，鼓励工程勘察设计测绘单位积极参与相关技术创新项目，从创新项目初始就参与其中，把勘察设计测绘单位真正作为科技成果转化为生产力的重要环节，享受国家对科研单位和科技型企业的同等待遇，享受同样的优惠政策。

(二)勘察设计测绘主管部门政策建议

(1) 在全行业宣传高新技术企业的重要意义，鼓励行业单位积极申办高新技术企业，引导行业走科技创新可持续发展的道路，提升行业在国民经济建设中的总体水平。

(2) 组织或委托有关中介组织开展高新技术企业认定培训工作，针对政策理解难、缺乏申办经验、走弯路等问题，联合有关部门组织专题性的政策解读、经验介绍和申办指导。

(3) 引导企业加强技术创新、发展自己的专有技术。要依法保护勘察、设计、测绘单位的专有技术、计算机软件、设计方案、勘察设计成果等知识产权。以工程项目为平台，培育技术咨询和中介服务市场，推动技术创新和科技成果转化。

(4) 要进一步关注中小设计单位、民营设计企业的特点和需求，推动这些单位认定工作的发展；要进一步做好此课题的成果转化工作。

(三)行业单位为通过认定应采取的措施建议

(1) 要积极参与高新技术企业认定工作，充分利用国家的优惠政策提高企业的技术创新能力。

(2) 要重视科研开发工作，加大科研投入；鼓励技术人员进行技术创新，可以采取多渠道、多形式的奖励方式，激发他们的创造热情，不断推动技术进步。

(3) 在实践中加强对签订技术市场合同的重视，积极签订技术市场合同，体现企业自有高新技术知识产权，从法律上保护企业合法权益。

(4) 已经通过认定的行业单位，要进一步推进本企业高新技术的发展，做好资质的维护工作。

党的十七届四中全会指出，当今世界正处在大发展、大变革、大调整时期。科技进步日新月异，国际金融危机影响深远，给我国发展带来新的机遇和挑战。我国正处在进一步发展的重要战略机遇期，工业化、信息化、城镇化、市场化、国际化深入发展，勘察设计测绘行业是涉及国计民生、公共利益的基础行业，一定要牢牢抓住这个重要的战略机遇期，鼓励技术进步和管理创新，激发自主创新精神，增强自主创新能力，为建设创新型城市、建设创新型国家而不断努力奋斗，为“绿色、科技、人文”三个北京建设服务做出更大的贡献。

七、后记

我们在组织开展“北京市勘察设计测绘高新技术企业政策研究”调研及成果转化过程中，引导行业单位申报高新技术企业，也激发了行业各单位科技创新的热情，又有一些单位完成了高新技术企业的认定。可以说，调研工作取得了阶段性的成果。但我们也发现还有很多问题亟待研究解决，还需要在今后的认定申报中将这项研究继续深入开展下去，推进行业的科学发展，这是我们工作的出发点和落脚点，需要全行业的共同努力。

企业获得高新技术企业资质认证，不仅仅是可以享受国家的税收优惠政策和人才优惠政策，更重要的是通过申报可以给企业注入不断创新的动力，使企业在高新技术企业的动态管理中，持续加大研发、技术升级改造力度，扩大产能，从而步入持续创新之路，融入我国高新技术企业蓬勃发展的新时代。我们要深入贯彻党的十七届五中全会、市委十届八次会议精神，以科学发展为主题，以加快转变经济发展方式为主线，努力编制和完成好“十二五”行业发展规划，为建设“三个北京”做出新的贡献。

境外设计企业进入我国市场对策与政策的研究报告

《北京市境外设计企业进入我国市场对策与政策研究》课题组

前　言

改革开放30年来，我国建筑工程设计从计划经济时代的基本建设中的一个工作环节逐步走向市场，形成了一个行业。随着经济的快速发展，城市化进程的加快，建筑需求的多样化，我国的建筑设计市场也逐渐向世界打开了大门。境外设计企业走进中国市场经历了由国家审慎地控制性进入，到允许成立中外合营工程设计机构，再到“入世”前的进一步开放市场，直至“入世”后我国从政策上允许境外设计企业按照我国的WTO承诺，以多种方式在国内承接设计业务。随着我国建筑设计市场的不断成熟和对境外设计企业的不断了解，我们需要将这一段进程进行总结。在坚持改革开放，遵守WTO承诺的前提下，使境外设计企业不仅可以为我国的工程建设提供更多的设计作品，而且使境外设计企业规范有序地进入我国市场，成为行业市场中的重要组成部分。通过有序的市场竞争，促进整个行业的科学发展。

工程设计行业属于服务性行业，随着我国社会主义市场经济体制不断健全和完善，建设管理体制改革的不断深化，境外设计企业全面进入我国设计市场，建立与社会主义市场经济体制相应的市场管理规则，使设计市场统一开放、公开公平、竞争有序是本次课题研究的主要目的。

本次课题将以市场为基础，政策为主线，管理为核心，分三个阶段进行深入的研究。第一阶段：政策梳理。通过梳理，了解对境外设计企业管理政策的演变过程。第二阶段：摸清现状。对目前境外设计企业的存在形式、经营方式、运作模式进行深入地调查分析。第三阶段：完善制度。针对目前的现状，对下一步如何更好地完善对境外设计企业的管理制度提出意见和建议。

一、我国对境外设计企业管理政策的历史回顾

本章主要回顾了我国加入世界贸易组织前、后对于境外设计企业管理政策的发展历程。通过对相关政策制度的梳理，了解目前我国对于境外设计企业管理制度的现状。

（一）“入世”前我国对境外设计企业管理政策

20世纪80年代中期，为了吸引国外投资进行工程项目建设，同时推进我国设计市场的开放和改革，经国务院批准，1986年国家计委、经贸部制定《中外合作

设计工程项目暂行规定》(计设 1986 [840] 号)(以下简称《规定》),由于当时的历史条件,整个文件中都带有计划经济的烙印,明确规定需要进行中外合作设计的项目要经过国家计划主管部门批准,对于大型工程项目还需报国务院批准;中国设计机构能够设计的,不得委托外国设计机构承担设计;项目审批部门还需对外国设计企业的承担业务能力进行审查。《规定》中对于资格审查的内容以及合作设计合同的内容都做了详尽描述。合作双方的责任、权利、义务甚至税收都在文件中有所体现。那时,对于合作设计中的境外企业都是比照国内设计单位的标准提出要求。按照《规定》,境外设计企业合作设计过程纳入我国政府对于基本建设程序的管理,与国内合作设计单位共同承担基本建设审批中的责任义务。也正是通过初期带有计划经济特色的严格管理,我国政府了解到了一些境外优秀设计企业的情况,国内设计单位通过与境外设计的合作,接触到了境外企业的设计理念、工程技术以及管理经验,为更进一步改革开放做了有益的探索,为设计行业走向市场积累了经验。

20 世纪 90 年代初期,建设部、对外贸易经济合作部在总结了几年合作设计实践经验后,联合颁布《成立中外合营工程设计机构审批管理规定》(建设 1992[180] 号),允许境外设计企业与国内一家具有甲、乙级资质的设计单位组成合营设计单位。该《规定》注重的是引入外商资金的比例及利润的分配,并没有对企业中的境外设计人员进行限定,造成实际上是资本合作,并不是技术合作。由于此类企业只停留在双方出资和利润分配上的合作,没有达到引进先进设计技术的目的,企业基本上由中方设计人员组成,只是在注册资本金中含有外资的成分,绝大多数单位承接的是国内工程设计项目,由国内的设计师在做设计。由于没有实现引进先进技术和先进管理经验的初衷,在参与工程项目时没有体现出优势,占有的市场份额相当有限。有些企业到合作期满后,中方不愿再继续合作而终止注册。

(二)“入世”后我国对境外设计企业管理政策

2001 年 11 月,我国正式加入世界贸易组织。工程设计行业属服务贸易的范畴,“入世”承诺主要是允许国外设计企业以“商业存在”和“跨境交付”两种方式进入我国设计市场。对于“商业存在”方式,我国政府承诺允许“国外从事建筑、工程、城市规划服务的注册建筑师、工程师或企业通过在中国成立合资或独资企业的方式进入中国设计市场,且从中国加入 WTO 之日起即可成立合资企业,在中国加入 WTO 5 年后,允许设立外商独资企业”。

2002 年,建设部、对外贸易经济合作部印发了《外商投资建设工程设计企业管理规定》(第 114 号令)(以下简称《管理规定》),对境外设计企业通过商业存在方式进入我国市场提出了规定要求。鉴于之前成立的合营设计单位没有完全达到引进先进技术的目的,《管理规定》要求在我国从事设计活动的外国企业,必须有 1/8(合资、合作企业)或 1/4(独资企业)的外国服务提供者取得我国的注册执业资格,及外国服务提供者在中国注册的建筑师、工程师、技术骨干,每人每年在我国境内累计居住时间不少于 6 个月等限制条件。由于上述条件门槛比较高,满足《管理规定》在我国注册成立并取得设计资质的企业几乎没有。

《管理规定》的限制条件同我国“入世”前的《成立中外合营工程设计机构审批管理规定》(建设 1992 [180] 号)相比,增加了更多的限制,客观上提高准入门槛,受到一些国家的质疑,要求我国取消对于外籍设计人员数量及在我国境内居住时间的限制条件。因此,2003 年建设部与商务部颁布了《管理规定》的补充规定,放开对香港、澳门设计人员的限定。直到 2006 年“入世”5 年过渡期满,建设部、商务部颁布《外商投资建设工程设计企业管理规定实施细则》(建市 [2007] 18 号),允许聘用中国注册人员来达到取得资质所要求的标准，取消对境外人员在内地的居住时间的要求。至此，外资企业取得设计资质的标准已经与中国企业几乎相同，充分享受到了国民待遇。

同时，为了加强对境外设计企业参与国内工程建设的管理，2004年建设部颁布《关于外国企业在中华人民共和国境内从事建设工程设计活动的管理暂行规定》(建市[2004] 78号)(以下简称《暂行规定》)。《暂行规定》的颁布旨在履行我国"入世"承诺，规范对在我国境内从事工程设计活动的境外设计企业的管理。其中最重要的内容是按照服务贸易总协定咨询服务减让表的规定，要求以跨境交付方式提供服务的境外设计企业在参与国内工程的初步设计和施工图设计阶段，必须选择至少一家有设计资质的中方设计企业进行合作，且在中方设计企业从业范围内承接业务，并要求建设单位对境外企业进行设计资格审查。

从20世纪80年代到今天，随着改革开放的不断深入，设计行业的对外合作与开放，经历了从初期严格管控下的项目合作，到中期企业合营运作，再到"入世"后市场平等准入，设计行业30年的发展过程成为我国改革开放30年发展历程的一个缩影。

二、境外设计企业在我国市场的活动现状及特点

按照提供服务的不同方式，把境外设计企业分为以跨境交付方式提供设计服务和以商业存在方式提供设计服务两类，分别对其市场活动现状进行阐述，通过对企业存在形式、经营方式、运作模式特点的归纳，摸清目前进入我国市场的境外设计企业现状。

境外设计企业进入我国市场提供设计服务，属于服务贸易范畴，服务贸易是一种特殊产品的贸易，《服务贸易总协定》确定了国际服务贸易的4种方式："跨境交付"、"境外消费"、"商业存在"、"自然人流动"。目前，境外设计企业在我国主要以"跨境交付"和"商业存在"两种方式提供设计服务，通过对北京、上海、深圳等地境外设计企业的走访和深入调研，我们按照境外设计企业提供服务的不同方式，对他们在我国市场中的活动现状进行了梳理和分析。

(一)以跨境交付方式提供设计服务

跨境交付(Cross-border Supply)是指一成员服务提供者在其境内向在任何其他成员境内服务消费者提供服务，以获取报酬。这种方式是典型的"跨国界贸易型服务"。它的特点是服务的提供者和消费者分处不同国家，在提供服务的过程中，就服务内容本身而言已跨越了国境。

跨境交付是境外设计企业进入我国市场提供设计服务的主要方式。依据服务贸易总协定咨询服务减让表和《暂行规定》的有关规定，境外设计企业可以独立承担方案设计，而初步设计和施工图设计须要有中方有设计资质的企业进行合作设计。在市场上境外设计企业主要承担方案设计，而由我国的设计企业承担后续设计工作。根据境外设计企业进行方案设计的不同方式，可以将跨境交付归纳为三种情况。

1. 境外著名建筑师和设计企业通过国际招标进入我国市场

随着我国申奥的成功、国力的增强，许多国家级的标志性公共建筑的建设为境外著名建筑师的设计创作提供了舞台。这些项目的巨大国际影响力，吸引了众多国际建筑设计大师积极进入我国市场参与竞争。例如，国家大剧院由巴黎机场公司的首席建筑师安德鲁方案中标后，与北京市建筑设计研究院组成联合体完成设计服务工作；国家体育场(鸟巢)由瑞士赫尔佐格和德梅隆设计事务所进行方案设计后，其余设计工作由中国建筑设计研究院完成；中央电视台由荷兰OMA事务

所的著名建筑师库哈斯方案中标后，上海华东设计院完成初步设计和施工图设计工作。这些项目在合作形式上虽然存在差异，但均属于在《暂行规定》规定下的跨境交付，并与服务贸易总协定咨询服务减让表 CPC8671 相一致。

这类境外著名设计企业参与的均是我国高端项目设计工作，此类项目多为政府投资项目，投资额大，国际影响力强，大多通过了国际设计方案招标挑选方案和团队。参与的境外设计企业重视程度高，设计团队均是境外企业的核心技术力量，带来的是世界高端的设计理念。正是由于这类项目的国际化运作，相应的方案设计收费也基本与国际接轨，方案费用远远高于国内水平。按照服务贸易总协定咨询服务减让表和《暂行规定》的要求，此类项目的后续设计工作，或由国内企业独立完成，或由中外联合体共同完成。在合作过程中，境外企业完成方案设计工作量约占总设计工作的 20%，而收取的费用却要占到总设计费的 30% ~ 40% 以上。在初步设计和施工图设计阶段，境外企业一般只参与建筑专业的设计工作，所完成的设计工作量约占总设计工作的 10%，而收取的设计费却要超过 15% ~ 20%。综观整个项目，境外企业完成了总设计工作的 30%，却获得了超过 45% ~ 60% 的设计费。此外，国内设计单位在合作过程中除了付出巨大的人力和物力之外，还承担了几乎所有的设计责任，这种现象已在我国行业内产生较大争议。

2. 境外设计企业在我国设立办事机构参与市场竞争

我国“入世”以后，大规模的城市建设使境外设计企业看好我国市场。一些境外设计企业进入我国市场后，为了更好地承接业务，先后在我国成立办事机构。办事机构一般可不单独核算，可不单独进行税务登记，其业务类型类似于我国民法规定的行纪，只联系业务，一般不单独与客户形成购销关系，如美国 SOM、德国 GMP、法国 AREP 在北京、上海、深圳等地设立了办事处，利用国际市场上的良好信誉，在我国承揽设计业务参与市场竞争。这些企业虽然在我国设立了分支机构，且无论分支机构规模大小，他们均以境外设计企业的身份在世贸服务总协定的框架下，符合《暂行规定》要求，直接为国内建设项目提供设计服务。无论这些分支机构在业务中承担多少工作，由于没有经营权，所以提供服务承担责任的主体仍然是境外设计企业，那么这种服务提供方式依然属于跨境交付。

这些企业目前已经广泛地参与我国的工程建设项目，项目覆盖范围包括公共建筑、环境工程、基础设施、商业地产等多种类型。由于这些境外企业大都是综合性工程设计企业集团，拥有雄厚的技术实力，通过在国内设立办事处，采用本土化运营方式，有效降低了自身的服务成本，在国内市场中具有相当的竞争力，已经占有了一定的市场份额，如：美国 SOM 承接了上海金茂大厦、北京凯晨广场等项目的设计工作；德国 GMP 参与了北京国家博物馆扩建工程、深圳国际会展中心等项目的设计工作；法国 AREP 承接了北京首都博物馆、上海南站等项目的设计工作；英国阿特金斯参与了北京王府酒店、南京金陵饭店等项目的设计工作；美国 RTKL 承接了中国电影博物馆、深圳华润中心等项目的设计工作。但由于这些企业的服务提供方式为跨境交付方式，按照《暂行规定》的要求，只能独立从事方案设计，或

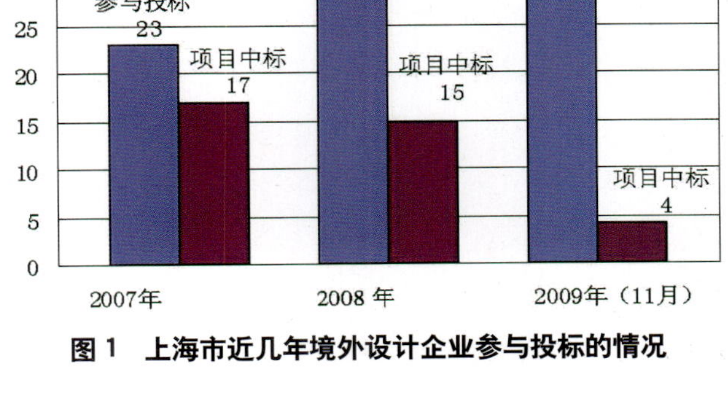

图 1　上海市近几年境外设计企业参与投标的情况

与中方设计企业组成联合体后完成全部设计工作。这样一来，虽然这些企业具有相当的竞争力，但由于从业范围的限制，目前他们并没有对我国的工程设计企业带来广泛的冲击。

上海市近几年境外设计企业参与上海市建筑工程设计投标情况见图 1。

案例：德国 GMP 在中国的发展历程

GMP 是成立于 1965 年的德国建筑师事务所，至今有 45 年的历史。总部设在德国第二大城市汉堡，并在柏林、法兰克福、亚琛等设有分部，同时在北京、上海、深圳、河内、开普敦设有代表处。目前，GMP 的员工超过 600 名，其中绝大多数是建筑师，是德国目前最大的而且排名第一的事务所（根据德国建筑专业网站 Baunetz）。

很多德国知名建筑，如柏林奥林匹克体育场、柏林泰戈勒机场、柏林中央火车站、斯图加特机场、汉堡机场等都是 GMP 的作品。

1999 年，GMP 在南宁国际会展中心国际方案竞赛中折桂，从此开始进入中国市场。在过去的 10 年中，GMP 参加了 300 多个中国项目的竞赛和投标，赢得了 80 多个项目，其中 20 多个项目已经建成。GMP 参与的项目范围广，分布在中国近 20 个城市，其中不乏国家及各省市重点工程。除了建成的深圳会展中心、佛山世纪莲体育中心（荣获 2009 年度国际奥委会体育建筑银奖）、重庆大剧院、上海浦东文献中心（荣获 2007 年度上海市优秀工程勘察设计奖和国家优质工程银质奖）、广州发展中心大厦（荣获 2007 年度广东省优秀工程勘察设计一等奖）等，位于北京天安门广场东侧的国家博物馆改扩建工程、青岛大剧院、中国航海博物馆、深圳世界大学生体育中心、上海东方体育中心等都在紧张施工，预计在 2011 年先后落成。GMP 已成为在中国最活跃、最多产的境外设计公司之一。

中青旅大厦

SOHO 北京公馆，中国

GMP 在中国做建筑设计时非常关注最后完成的质量，对细部、施工质量有较高的要求。坚持每个项目要负责到底。即使在由国内合作单位责任的施工图设计，GMP 也坚持自己设计重要的节点大样并提供给国内的合作伙伴。在施工阶段，GMP 的建筑师们和驻场工程师们经常去现场。GMP 的这种对设计及施工质量的把握措施对中国国内目前的基建程序和管理方法将有所影响，加大建筑师的职责范围，特别是施工阶段，同时在设计收费中增加现场配合费用。

GMP 非常重视和各专业和设计协调，强调结构、机电专业必须在方案阶段便要进行深入构思和设计，保证建筑方案的可行性。同时，GMP 提倡引入专业顾问，例如幕墙顾问，对幕墙进行深入研究，保证设计的可实施性，并协助业主单位进行有效的造价控制。

GMP 在国内承接项目时，同时在和国内合作设计单位签订的合作协议中，双方对每个阶段的设计分工及责任划分都会做出明确约定，甚至对可能的赔偿责任预先商定。

3. 我国设计师在境外成立设计企业回国参与市场活动

随着我国改革开放，工程设计人才在国际间广泛交流，我国设计师有的从学生时代就在国外学习深造，有的工作若干年后，公派或自费去国外进修实践。他们大多具有设计能力且熟知国外设计咨询服务体系。当中国进入 WTO 后，这些苦于无法取得设计资质而又立志创业的设计师们发现，在境外成立咨询服务性企业，利用我国 WTO 承诺，可以直接进入我国市场以跨境交付形式提供方案设计服务，并可和某些长期合作的有资质的国内企业组成名义上的联合体完成后续工程。

由于我国建筑市场的不成熟，市场存在盲目信奉“洋设计”的现象。这些中国人投资的境外设计企业，在我国市场有着广泛的生存土壤，如住宅、写字楼、景观、装饰、小区规划等项目类型。这些境外设计企业往往注册资金少，设计业绩少，甚至无法提供所在国政府主管部门或行业组织核发的设计许可证明。由于目前各地方政府对工程设计业务承发包的监督方式不同，尤其对方案设计发包工作还普遍缺乏有效的管理机制，使得这些境外设计企业，无论在方案设计还是在后续设计阶段都不同程度上获得了“超国民待遇”。

（二）以商业存在方式提供设计服务

商业存在 (Commercial Presence) 是指一成员的服务提供者在任何其他成员境内建立商业机构（附属企业或分支机构），为所在国和其他成员的服务消费者提供服务，以获取报酬。它的特点是服务提供者（个人、企业或经济实体）到国外开业，如境外设计企业在我国成立合资、合作、独资的设计企业（以下简称外资设计企业）。这些企业虽然在我国新注册成立，但是由于与境外母公司有着血肉联系，可以说是境外设计企业在我国地域内的全球化发展中的一部分。现今，以商业存在方式在我国成立的外资设计企业大致可以归纳为以下两种情况。

1. 取得设计资质的外资设计企业

我国经济建设与城市化进程形成的庞大设计市场，吸引着许多境外优秀设计企业。从 20 世纪 90 年代开始，这些企业就通过多种方式进入我国市场。随着我国加入 WTO，这些企业在国内正式注册成立外资企业，目前已经得发展颇具规模，有些企业从业设计人员已经超过百人，人员多以我国技术人员为主，以商业存在的形式在我国市场上直接提供设计服务。由于 2002 年颁布的 114 号令对外资设计企业申请设计资质提出了很多限制条件，使得许多外资设计企业在我国注册后无法取得设计资质，它们在我国提供设计服务的方式不是真正意义上合法的商业存在。鉴于这种情况，这些企业利用市场上对于境外设计企业与外商投资设计企业认识上的误区和国内外对咨询业服务范围界定的不同，在我国广泛地从事名为工程咨询服务实为工程设计中的方案设计服务。

直到 2007 年颁布执行 114 号令的实施细则，取消了对外资企业申请设计资质的限制条件。许多外资设计企业才开始按照我国有关规定开展申请设计资质工作。这类外资设计企业的共性是成立时间较早，而取得设计资质较晚，资质等级较低，只有个别企业通过资本运作方式收购了国内设计企业，取得了较高等级的设计资质。但是由于这些外资设计企业，有着境外设计企业的背景，无论在资金实力还是技术水平上，都有相当的优势。目前虽然资质较低，市场份额较少，但是当这些企业完成人才资源本土化整合和不断积累我国市场发展经验后，会成为我国设计企业的最大竞争对手。

在课题的调研过程中，收集了北京、上海地区外资企业取得国内设计资质的信息（见图 2，图 3)，通过综合分析，虽然目前外资企业取得国内设计资质绝对数量少，所占总比例低，但是从 2007 年颁布执行 114 号令的实施细则实施以来，发展较快，并呈上升趋势。

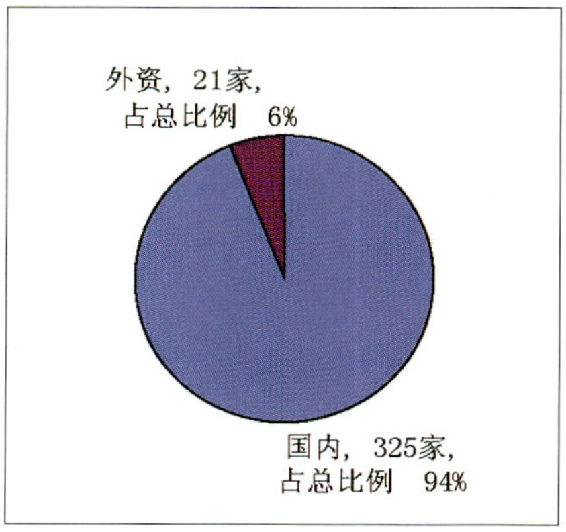

图 2　北京市具有建筑行业（建筑工程）甲、乙级资质中外设计企业比较

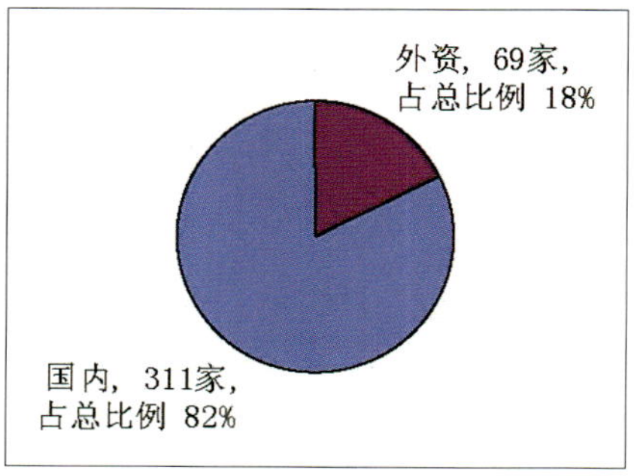

图 3　上海市具有建筑行业（建筑工程）甲、乙级资质中外设计企业比较

注：图中数据截至 2009 年 12 月

案例：澳大利亚 GHD 公司在我国的发展经历

GHD 咨询公司是在澳大利亚上市的一家工程咨询公司，已有 80 年的历史。业务范围横跨建筑工程、交通工程、医药化工工程、环境治理、城市规划等，拥有一批高水平的工程技术人员和现代化的管理手段。在欧洲、美洲、非洲都有分支机构，是一家颇具实力的跨国工程咨询公司。

20 世纪 90 年代进入我国市场，参与一些公共建筑项目的策划、概念方案设计等工作。经过近 20 年来国内市场的经验积累，建立相对稳定的客户关系，在我国市场上形成了一定影响力。但由于受到没有取得我国设计资质的限制，GHD 所承接的业务多以咨询身份，设计业务只限于方案设计阶段，难以深入到后续的详细设计工作中，使最终设计产品往往与前期方案中的预期效果产生很大距离。由于没有资质，前期的设计方案成果也没有独立申报审查资格，更不可能成为合法的设计业绩。而后续与中方设计企业合作又存在管理体制、沟通以及利益分配上的障碍，因此在对我国市场及国家政策研究后，决定在我国注册成立外资设计公司。虽然澳大利亚 GHD 公司是国际著名的工程咨询公司，但也只能从乙级设计资质申请起，而乙级设计资质根本不能满足其在我国承揽设计业务的需要。经过对我国市场和有关政策了解，GHD 决定通过收购我国一家武汉甲级设计企业，完成快速取得甲级设计资质的目的。

2009 年 4 月，GHD 在武汉完成收购计划并取得了甲级设计资质，开始在我国承接设计任务。与此同时 GHD 北京分公司也取得了乙级设计资质，以期 2 年以后办理升级。在此要说明是，GHD 北京公司作为澳大利亚设在中国的总部，已实现工作人员属地化，这些人不单纯承接我国设计业务，同时他们还完成 GHD 总公司分配给他们世界各地的设计任务，北京分公司已经成为这个跨国工程咨询公司设在澳土以外的工作站点，其技术人员按照公司统一的技术要求和管理制度工作，纳入了设计全球一体化循环，这样我国员工在工作中掌握了发达国家在工程设计咨询领域里的管理方式和工作技术，参与了中冶、中铝等国内企业在澳洲开发的工程项目可行性研究、环境保护审批等咨询设计工作。

2. 未取得设计资质的外资设计企业

我国“入世”后，早期进入我国设计市场的境外设计企业往往通过聘用有留洋背景的中国人为企业代表，在国内注册成立合资或独资的外资设计企业。以境外设计企业的品牌在国内从事设计活动，投入的设计人员大部分是我国本地的工程技术人员。这些企业从法律上讲是境外设计企业在我国设立的子公司，它们以我国独立法人身份单独核算，具有生产经营权为我国市场提供服务。这种提供服务的方式即为商业存在。

由于市场上对境外设计企业与外商投资设计企业认识上的误区，这些企业以境外设计企业之名，以外资设计企业之实在我国市场上充分享受“超国民待遇”，它们往往参加招投标不受限制，承接项目不受限制，签订合同不受限制，设计收费不受限制，投标设计保底费也比国内设计同行高许多，有时不仅做方案随便联合国内一家设计单位，连施工图一起完成也不受限制。这种经营行为确实严重影响了设计市场的正常秩序，引起国内设计企业广泛争议。

中外企业全过程合作设计分工及设计费配比对比见表1。

三、对境外设计企业进行市场管理存在的问题

从市场和行业集中反映境外设计企业比较突出的问题入手，深入剖析问题产生的原因，分析现行管理体制机制政策不完善之处，为提出管理建议提供基础。

经过30年的改革开放，我国的设计行业日趋发展成熟。通过与境外设计企业的交流与合作，我国设计企业已经缩小了与境外设计企业的技术差距；通过在我国经济发展大潮中的实践，国内设计企业已经积累了丰富的设计经验，在我国市场上完全有能力与境外设计企业进行公平地竞争。在我国加入WTO 5年后，设计市场更加开放，境外设计企业不仅可以以跨境交付方式提供设计服务，而且可以享受同等国民待遇，以商业存在的方式提供服务。面对国内广阔的市场，境外设计企业进入我国已经成为必然。当中国“入世”5年的保护期结束，加入WTO已经成为过去完成时，政府有关保护性的思维定式已被打破，而完善政策体系，加强市场监管，严格政策执行是行业市场管理的主流思路。

经过对现阶段境外设计企业在我国市场现状的调研，我们发现应按照境外设计企业提供服务的两种不同方式，分别分析管理中存在的问题并提出对策。

（一）“跨境交付”管理中存在的问题

以跨境交付方式为我国工程建设提供设计服务的境外设计企业，确实在市场准入、从业范围上享受“超国民待遇”。但这种“超国民待遇”是以国家承诺的方式在服务贸易总协定咨询减让表中体现的，所以我们应在遵守国家承诺的原则下，研究对这类境外设计企业的管理对策。

1. 对境外设计企业参与方案设计管理政策上的缺失

根据服务贸易总协定咨询减让表中的有关规定，对以跨境交付方式提供服务的境外设计企业没有限制，我们认为市场准入没有限制，并不等于对其不进行市场监督和管理。《暂行规定》是目前关于外国企业在我国境内从事建设工程设计活动进行管理的唯一专项管理文件，但文件中明确规定“外国企业以跨境交付的方式在

表 1　中外企业全过程合作设计分工及设计费配比对比

设计阶段		设计分工及设计费配比							
		外方设计公司				中方设计公司			
		设计分工	阶段工作量比例	占总设计工作量比例(%)	实收设计费占总设计费比例	设计分工	阶段工作量比例	占总设计工作量比例(%)	实收设计费占总设计费比例
方案设计（占总设计 20%工作量）		建筑设计及其他专业咨询	90%	18%	30%	配合建筑设计	10%	2%	7%
初步设计（占总设计 30%工作量）	深化方案设计 36%	主要设计	70%	7.56%	10%	配合设计、审核及编辑报审图纸	30%	3%	
	结构设计 30%	咨询配合	15%	1.35%	1.5%	主要设计	85%	7.65%	
	机电设计 34%	咨询配合	15%	1.53%	1.5%	主要设计	85%	8.67%	
施工图设计 50%	建筑设计 36%	咨询配合	10%	1.80%	2%	主要设计	90%	16.2%	48%
	结构设计 30%	——	——	——	——	全部设计	100%	15.0%	
	机电设计 34%	——	——	——	——	全部设计	100%	17.0%	
合　计				30%	45%			70%	55%

注：此表根据某设计院多个中外合作设计项目统计数据进行编制，只反映一般中外合作情况。对于某个案中的收入与工作量严重倒挂的情况未做表述。

我国境内提供建设工程初步设计之前的方案设计不适用本规定"。那么就造成了对境外设计企业从事方案设计的管理工作"无法可依"的状态，而境外设计企业在我国的市场活动行为主要以提供方案设计获得报酬为主。

为了维护市场秩序，规范境外设计企业的行为，建议尽快出台有关境外设计企业从事方案设计的政策规定。规定中应参照《暂行规定》，要求建设单位负责对进行方案设计的境外企业是否具备设计能力进行资格审查。审查时可要求境外设计企业提供如：企业注册登记证明、资信证明、保险证明、业绩证明、行业组织核发的许可证明，拟投入的技术人员执业证明等有效文件以及方案设计合同，报项目所在地省级行政主管部门备案。通过类似规定的出台，使得行业管理部门在管理中做到"有法可依"。

2. 对境外设计企业的市场行为管理不到位

地方建设行政主管部门存在对境外设计企业的市场从业行为管理不到位的问题。《暂行规定》自2004年颁布以来，很多地方没有严格按照《暂行规定》的要求对境外设计企业的市场行为监督到位。产生这种问题的原因首先是对设计市场监督机制建设不完善，没有有效的设计招投标监督体系，没有严格的设计合同备案制度，使得《暂行规定》管理要求无法做到有的放矢。其次，境外设计企业提供设计方案的服务往往是在项目前期，而在我国建设领域项目前期存在工程咨询和工程设计的管理混乱，境外设计企业恰恰在这个管理的灰色地带中存在大量市场行为，使得建设行政主管部门难于找到一个切实有效的管理切入点规范它们的市场行为。

3. 境外设计企业市场行为中的"责、权、利"问题

境外设计企业的市场行为存在"高收费，低责任"的现象，这种现象引起国内设计行业广泛的争议。产生这种现象的原因，首先在于境外设计企业往往提供的是方案设计服务，而方案设计单位在整个工程设计中应承担的责任，在我国的现行法律法规中没有明文规定。其次，如果境外设计企业和我国设计单位合作进行后续工程设计服务，按照《暂行规定》要求初步设计及施工图设计文件中要加盖中方注册执业资格人员的签章及中方设计企业公章后，方为有效文件，这虽然利于政府对工程项目质量的管理，但从政策层面明显强化了中方设计企业的责任，弱化了境外设计企业的责任，也实际造成了境外设计企业只获得设计利益，不承担设计责任的现象。而境外企业在我国进行工程设计时，遇到了建筑师在项目实施过程中管控范围与国际惯例不附，使建筑师不能完全对整个项目的工程质量负责，而且时常在与国内设计单位合作过程中会因对设计深度的理解不同而发生争议。

但是，由于境外设计企业技术和地域的优势，加上国内建设方的一些不理性，使国内企业在合作处于劣势，中外合作设计当中责任分工及设计费分配不合理在以往的项目设计中较为普遍，出现国外建筑师少干活，多拿钱，少负责的现象，但随着国内设计师水平的提高，有些工程项目已经日趋合理。课题调研收集了近几年北京地区中外合作设计的一些案例，进行了汇总分析，在一定程度上反映目前中外合作设计中工作分工，设计费分配等方面情况。

（二）"商业存在"管理中存在的问题

我国在WTO关贸协定中承诺境外设计企业以商业存在方式进入我国市场只允许设立合资、合作企业，允许外资控股；中国加入WTO 5年后，允许设立外商独资企业，（上述企业均简称为外资设计企业）。通过2002年颁布的114号令及2006年制定的《实施细则》，在政策层面上市场对外资设计企业已经达到全面开放。而外资设计企业享受更开放的市场，理应接受

更严格的监督。我国行业市场实行的是企业资质管理制度，个人注册资格管理也在逐渐加强，企业申请资质要有一定数量注册人员的硬性规定，通过对外资设计企业实行资质管理，把它们纳入我国的市场管理轨道，接受市场监管。

1. 外资设计企业在我国市场存在“超国民待遇”问题

由于市场上对境外设计企业与外资设计企业认识上的误区，一些外资设计企业以境外企业之名，利用我国对境外设计企业以跨境交付方式提供方案设计服务不受限制的承诺，在市场上不接受资质管理直接参与市场经营活动承接设计任务。同时由于行业市场本身对这类市场活动管理上的缺失，使得外资企业在中国加入 WTO 后的生产经营活动不受我国行业市场的企业资质管理制度约束，充分享受到了“超国民待遇”。

加强对外资设计企业实行资质管理，首先还是要加强对境外设计企业以跨境交付方式提供服务活动的管理。将建设单位对方案设计服务的承发包纳入行业市场的管理，在建立对行业市场有效监管体系的基础上完善政策法规建设。严格执行《暂行规定》的规定，在方案设计招投标、工程项目方案审查、设计合同备案等环节加强管理。甄别出哪些设计服务属于境外企业跨境交付，哪些属于外资企业本地提供。对于外资企业的设计活动应严格执行资质管理规定，无资质的严禁从事工程设计阶段的任何设计服务工作，有资质的应在资质允许的范围内承接业务。通过严格的市场约束才能把外资企业真正纳入我国市场的管理体系。

2. 外资设计企业在取得资质过程中的“收购”、“并购”问题

2006 年 114 号令实施细则颁布执行后，外资设计企业可以通过聘用我国执业注册人员申请企业设计资质。但是由于我国资质管理规定，企业资质是从低级向高级逐级申请。有些外资设计企业为了尽快取得较高等级资质，只有以通过并购我国中小设计企业的方式获得。目前对外资收购内资后的企业资质管理是按照 114 号令及《实施细则》的要求，需要外资设计企业出具外方投资者所在国的企业注册登记证明、业绩证明、信誉证明等资料。

允许境外设计企业以商业存在方式进入我国市场，目的是引进有实力的境外企业带来先进的设计理念和工程技术。在取消了对于外籍注册设计技术人员在我国工作时间要求以后，技术人员本土化成为必然趋势。因此，单纯的资金注入而非人才与技术的引进成为可能，并且很难设置壁垒。商业存在的境外设计企业是否能够带进先进的设计技术一直是管理部门关心的问题，对待这个问题也应该持科学的态度。首先，我国在“入世”谈判中，工程设计咨询服务减让承诺的市场准入原则必须遵守。创造平等的竞争环境；其次，进入我国的境外设计企业要生存、要发展，就看他的技术水平和设计能力，先进的设计技术是企业发展的原动力，这应该由市场进行有效地调节。

在调研中我们发现，境外设计企业无论以商业存在或跨境交付方式进入我国市场都存在市场行为不规范、行业管理不到位的问题。针对这些问题，我们进行了深入的分析，并广泛地征求意见，从规范行业市场行为和加强政府行政监管两方面提出建议。建议按照市场经济规律制定行业标准，加强市场引导，对关键环节加强政府监管，维护市场公平有序的竞争环境。

四、对境外设计企业进行市场管理的建议

根据境外设计企业进入我国市场的现状及相应管理不完善的问题，从规范行业市场行为和加强政府行政管

理两方面分别提出建议，加强对境外设计企业的管理。

（一）关于规范行业市场行为的建议

1. 划分设计阶段，明确设计责任

工程项目设计服务工作包括概念性方案设计、方案设计、初步设计、施工图设计和施工现场服务等阶段。设计文件的深度严格按照建设行政主管部门相关文件的规定执行。设计的阶段划分建议如下：概念性方案设计阶段可以以方案设计招标工作结束为标志；方案设计阶段以通过城市规划行政主管部门设计方案审定为结束；初步设计阶段以取得政府对初步设计批准为结束；施工图设计阶段以通过施工图审查为结束。只有设计阶段清晰划分后，才能明确境外设计企业完成设计工作内容，从而确定其应承担的责任和可获得的收益。

境外设计企业如果仅承担前期方案设计工作，应明确后期国内施工图设计单位为方案阶段的顾问单位，在相关合同中明确设计方案要得到后续承接设计任务的国内顾问单位文字认可，才算完成方案设计工作。境外设计企业如果和国内设计单位联合承担项目的全部设计工作，应在联合体协议中明确规定双方各自的工作内容、收费分配及承担责任，申报的所有图纸都应采用联合图签，由中外设计单位和设计人员共同签字盖章，从形式上明确双方的连带设计责任。

通过清晰划分工程设计阶段，规范境外企业完成设计工作的内容和深度，制定指导性的设计合同、联合体协议范本，明确境内外企业所应承担的设计责任。

2. 执行标准，统一合理收费

境外设计企业在我国承接建筑工程设计项目，应执行我国现行工程设计收费标准，并应接受政府的监管。由项目所在地建设行政主管部门通过对招投标备案、设计合同备案等环节，对境外设计企业的项目收费进行监督管理。同时对现行工程设计收费标准进行修订，统一中外设计企业在我国市场上的收费标准，通过有效手段监督设计市场承发包价格，营造公平、公正、公开的竞争环境。修订标准时应考虑境外设计企业在我国承揽工程的实际成本，提倡优质优价，按照境外设计企业在我国不同的运营方式，允许境外企业在一定合理范围内上浮设计收费。按照不同设计阶段的工作内容及深度，制定统一标准，合理分配设计取费。

3. 科学评标，接受舆论监督

进一步完善方案设计评标的科学评审标准，特别是对于一些政府投资的大型公共建筑，应避免建设单位盲目崇洋，一味追求建筑方案的“新、奇、特”，建立更加科学合理的评分标准。评标委员会应对投标方案的艺术性、技术性、商务性三方面进行综合评审。其中，艺术评审应着重考核方案是否与周围环境相协调，建筑单体造型是否美观；而技术评审应从设计方案的质量、节能环保、消防抗灾、工程投资4个方面进行综合评价，其中质量的评审应包括建筑的功能、安全、经济、可信、可实施性、适应性及工期等7项评定；商务评审主要考核设计团队的实力、企业业绩、现场服务承诺、设计保险和设计收费等方面。对于有特殊需求的项目还应组织专业委员会进行专项评标，并把每位专家的评标意见向社会公示。建设单位应根据专家的全部意见进行综合评定，最终确定中标人及中标方案，并将确定说明向社会公示，接受舆论监督。

4. 提交保险，纳入诚信管理

境外设计企业进入我国市场履行备案程序时，应提交企业的设计保险证明。若境外设计企业承担国内工程项目的初步设计与施工图设计工作，还要购买该项目的设计保险。设计保险文件是建设单位委托境外设计企业承揽设计业务的必备条件。我国企业是通过政府以行政许可运用资质管理方式有效保障其设计能力，而境外企

业由于地域遥远，信息不畅，其设计能力与资信状况很难及时有效掌握。因此，必须运用经济方法采用设计保险有效降低其承揽业务潜在的质量安全风险。通过建立健全境外设计企业设计保险制度，强化境外企业在我国进行工程设计的责任感，有效降低建设单位委托境外企业进行设计工作的风险，运用市场手段加强了对境外设计企业在我国从业行为的管理。

政府管理部门及行业协会应建立对境外设计企业诚信管理的制度，完善服务工作评价体系，制定不良行为认定标准。通过对境外企业在我国设计市场上不规范，服务不到位的行为曝光，增强境外设计企业的责任意识。通过向全社会公示境外设计企业和设计师的不良行为记录，提高境外企业和人员在我国从业的自律意识和诚信意识。通过诚信记录与设计保险及政府投资项目市场准入的关联机制，对境外设计企业的市场行为形成政府监管、社会监督、企业自律的有效约束机制。

(二)关于加强政府行政管理的建议

1. 纳入行政审批，保护合法知识产权

境外设计企业独立承担方案设计工作时，应在设计方案上注明设计企业和建筑师的名称，接受政府有关部门对设计方案的审查并承担相应的责任。境外设计企业与国内设计单位合作进行初步设计时，在申报工程规划许可审批的图纸上应注明中外双方企业和建筑师的名称，并共同承担相应的责任。境外设计企业与国内设计单位合作进行施工图设计时，应在施工图纸上注明中外双方企业和设计师的名称，共同接受政府对施工图质量的审查并承担相应的责任。

通过在设计文件上行使署名权，明确了境外企业的合法设计身份，把其纳入到我国建设管理当中。同时，应制定相应的政策，保护境内外设计企业合法的知识产权，维护境内外设计师的创造性智力劳动权益。但是，在保护境外企业合法的设计知识产权的同时，也应维护我国设计单位和建设单位合法、合理使用其阶段性设计成果的权益。

2. 合理设置壁垒，加强对企业并购的管理

根据《外商投资产业指导目录》(2007年版)的分类，工程设计属于外商投资允许类产业。但我国引进境外投资设立工程设计企业的根本目的是引进先进的设计理念、技术与管理，而不是境外的资金。因此，对于境外企业投资进入我国设计市场应合理设置管理壁垒，是符合我国国情和发展需要的。政府有关部门应加强对外商投资工程设计企业的联动管理机制。特别是省级商务行政主管部门，在受理境外设计企业或个人在我国投资设立、并购设立设计企业时，应该征询建设行政主管部门的意见，由建设行政主管部门负责审查外国投资者的设计能力。通过建设主管部门对境外投资者设计能力的有效审查，达到引进先进技术的目的。另外，通过制定相应的鼓励政策有效引导境外优秀设计企业、设计师以商业存在方式进入我国市场，在我国成立设计企业。

3. 建立联动机制，加强对代表机构的管理

根据国家工商行政管理总局、公安部发布的《关于进一步加强外国企业常驻代表机构登记管理的通知》(工商外企字[2010]4号)要求“对代表机构以各种形式收取费用从事经营活动的，可以按无照经营有关规定予以处罚。”建设主管部门应与工商管理部门和公安管理部门建立联动监督机制，对境外设计企业在我国成立的代表机构以各种形式从事工程设计活动进行有效管理，并与工商部门对代表机构的年检挂钩。建立畅通有效的举报机制，接受社会及行业单位的监督，对发现从事设计活动的境外企业代表机构进行处罚，追缴所偷逃税款，并记录境外设计企业不良信息记录。通过加强对境外设计企业驻我国代表机构的管理，保障统一开放、竞争有序的设计市场秩序，维护我国工程设计企业公平发展的行业利益。

4. 落实政策，纳入政府监管范围

各地建设行政主管部门应结合市场现状和基本建设管理程序，加强对工程设计承发包情况的监督，按照相关政策完善工程设计合同备案工作机制，尤其加强对方案设计发包工作的管理。通过对承发包情况的掌握，鉴别境外设计企业的设计能力，掌握其在我国从业的情况，把境外设计企业的市场行为有效纳入到政府监管范围之内。各地应严格执行《关于外国企业在中华人民共和国境内从事建设工程设计活动的管理暂行规定》（建市[2004]78 号），要求境外设计企业承接设计项目时应将该项目的工程设计合同（副本）、合作设计协议（副本）等相关材料，报项目所在地省级建设行政主管部门备案。通过备案管理落实国家政策，加强对境外设计企业承接业务的监督管理，进一步营造公平竞争的市场环境。

将进入我国市场的境外设计企业纳入有效的管理之中是本次课题的立题之本。通过调研，境外设计企业进入我国市场，对我国工程设计行业带来了碰撞，提出了挑战，他们不仅带来了先进的设计理念，优秀的建筑技术，成熟的管理经验，还对我国现行设计运行管理机制带来了思考，甚至影响了我国设计行业持续发展的核心价值观的建立。这些碰撞与挑战使得我们在思考诸如：建筑设计在城市发展形成中的地位、建筑师的责任与权利、设计收费与质量责任、建筑方案评价标准等一系列问题时，需要以科学发展的态度，与时俱进的脚步不断校正与完善。摸索我国工程建设与设计行业发展的客观规律，并制定与之相适应的市场运行机制和管理制度。

五、后 记

“入世”前后一段时间，建设部曾带领整个设计行业，对当时的现状进行认真的分析，审视自己寻找差距，提出解决问题应对挑战的思路。8 年过去了，政策在不断调整，市场在不断完善，国内企业在和境外企业的合作、竞争中不断变革发展，境外企业在我国市场中也不断进行着各种尝试。正是在这样的背景下，课题组根据行业改革与发展的需要，确定以“境外设计企业进入我国市场对策与政策的研究”为题目做专项研究。在调研中课题组广泛地和国内设计企业、境外设计企业进行深入的研讨。在研讨中，大部分国内设计企业对“后 WTO 时代”新一轮的市场竞争显得比较平静。“竞争是一把双刃剑，关键看你如何应对”是主流的思路，他们认为境外企业在创意理念上比较先进，再加上品牌效应构成了他们的优势。国内企业在技术积累、人才储备以及市场适应度等方面具有优势，竞争的成败完全取决于企业的政策和自身的实力。而境外企业大都意识到，随着中国市场的日益成熟，仅靠“洋品牌”很难生存，要长久立足我国市场，还要打好品牌效应、创新理念、高新技术三张关键牌。面对目前的市场环境和管理体系，如何保障行业发展的公平健康环境是双方共同关心的话题。

课题组通过和有关政府管理部门、行业协会组织和境内外设计企业的调研和座谈，总结他们在发展过程中取得的成功思路、方式方法和有益经验，并尽可能地将取得共识的成果体现到本次调研报告中去。本次调研为下一步加强对境外设计企业进入我国市场的管理统一了思想：首先，开放不等于放开。设计市场开放了，但不是没有规则的放开，要在“责、权、利”对等的原则下制定政策，保证建设工程质量安全。其次，规范不等于犯规。规范整个设计市场的管理，完善政策法规，不能违反现有的法律、法规及国际承诺。最后，统一不等于一统。市场和政策全国必须是统一的，但各地可结合本地情况制定相应的实施细则。

本课题得到了住房和城乡建设部设计处陈波处长，

北京市勘察设计与测绘管理办公室叶嘉副主任的指导和帮助，对课题研究顺利完成起到了重要的保证作用。国家商务部，上海市、深圳市建设行政主管部门及行业组织，澳大利亚GHD，德国GMP以及欧阳东、李促进、曹晓东、高萍等同志为课题研究提供了高质量的参考资料，并提出了许多有益的建设性意见，本文研究中部分吸取了他们的思想成果，在此一并表示衷心的感谢。课题研究工作时间紧张，由于境外设计企业没有真正纳入市场监管，数据资料非常有限。加之课题研究人员知识水平的限制，研究报告难免有疏忽和错误的地方，希望得到谅解和诚挚的批评与帮助。

Statistical Analysis
第二部分
统计分析

统计资料

本部分包括统计资料和排行榜两部分，所有资料均选用了2010年北京市勘察设计统计年报工作取得的数据作为依据。

2010年，为了加强精细化管理，提高服务水平，为领导决策提供数据支撑，北京市勘察设计与测绘管理办公室大力推动了北京市勘察设计统计年报工作，各单位参与年报工作的积极性大大提高，参加年报的企业总数比上一年度增加了95%，使得此次年报统计数据更具代表性。

年报统计数据包括企业资质、人员、业务完成、科技活动、营业收入、资产、利税等内容。本部分在原始数据的基础上进行了统计分析（因保密原因，具体数据不便公布），同时也对部分指标进行了专项的排名。列出了具有工程综合资质的北京勘察设计单位。

从统计数据可以看出，北京勘察设计行业发展呈现出以下特点。

1. 产值规模快速发展

北京勘察设计行业产值规模持续增长。2010年，北京勘察设计行业实现年总营业收入2 469亿元，年均增长率40%（包括外地分支机构在内），行业产值规模实现跨越式发展，在全国勘察设计行业总营业收入的比重达1/4，继续保持全国领先地位。

2. 总部特征明显

北京勘察设计行业龙头企业云集、高端人才集聚的特征十分明显。截至2010年，以年报企业数据统计，北京拥有各类勘察设计单位859家，龙头企业云集。其中，综合甲级资质单位16家，各类甲级单位510家，一级设计施工一体化企业37家，25家企业年产值规模超20亿元，36家企业年产值超10亿元；北京勘察设计行业集聚了一批优秀、高端人才，全行业现有从业人员16万人。专业技术人员11万人，勘察设计大师数量占全国大师总数的28%，人才集聚特征明显。

3. 科技创新水平突出

北京勘察设计行业科技研发投入进一步加大，科技创新水平和成果均十分突出，科技创新成为企业实现自身发展的重要手段。2010年，行业科技活动费用支出总额超过64亿元，科技成果转让收入总额超过129亿元；累计拥有专利7 387项、专有技术4 285项；参加编制国家、行业、地方技术标准914项；获国家级、省部级奖项2 170项，多项指标稳居全国首位。有60余家勘察设计单位被认定为高新技术企业。

4. 企业转型升级进入加速期

北京勘察设计行业业务结构不断调整优化，2010年，工程承包收入总额达1 637亿元，占全部营业收入比例从“十一五”初的47%上升到66%；国际业务方面，也实现了较快增长，达到203亿元。

希望本部分刊登的资料能够使大家对北京勘察设计行业的全貌有所了解。

2006—2010年北京市勘察设计行业企业资质发展情况

北京市勘察设计行业企业业务分类

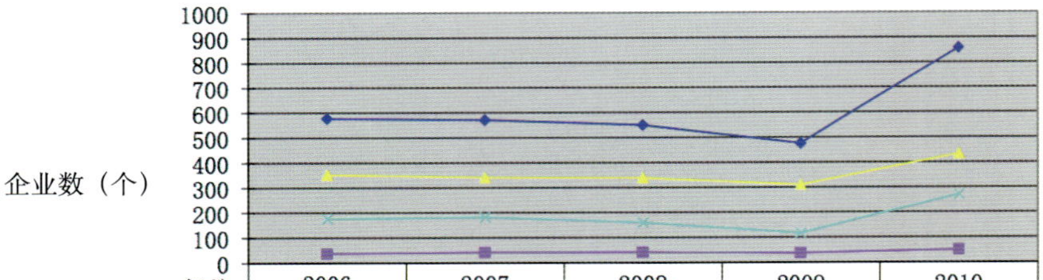

年份	2006	2007	2008	2009	2010
企业总数	577	571	550	476	859
工程勘察	38	42	42	38	51
工程设计	353	341	339	310	434
专项合计	176	182	160	117	271

北京市勘察设计行业工程设计企业资质构成

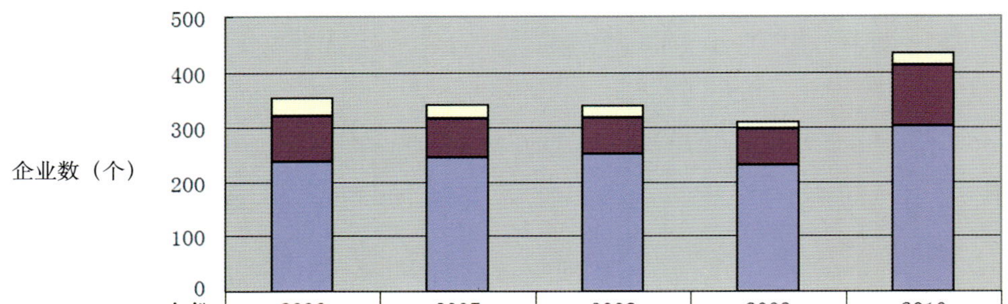

年份	2006	2007	2008	2009	2010
甲级企业	238	245	251	231	302
乙级企业	82	71	66	66	110
丙级企业	33	25	22	13	22

北京市勘察设计行业工程勘察企业资质构成

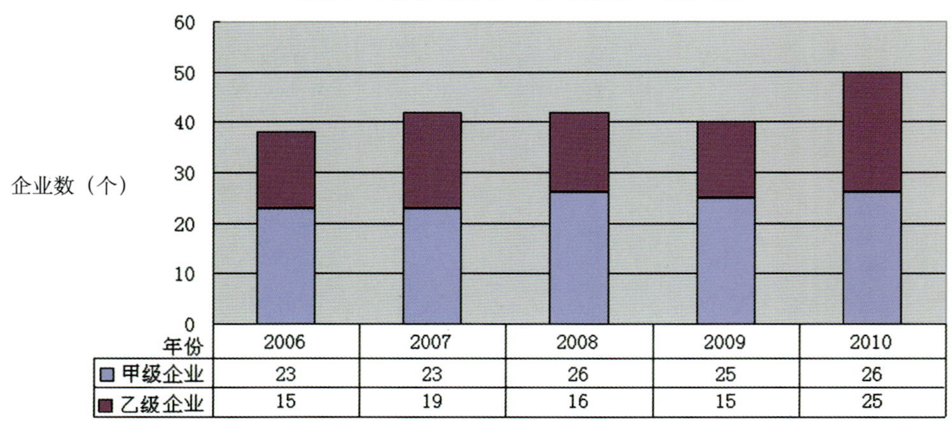

年份	2006	2007	2008	2009	2010
甲级企业	23	23	26	25	26
乙级企业	15	19	16	15	25

2006—2010年北京市勘察设计行业注册登记类型发展情况

北京市勘察设计行业内资企业发展情况

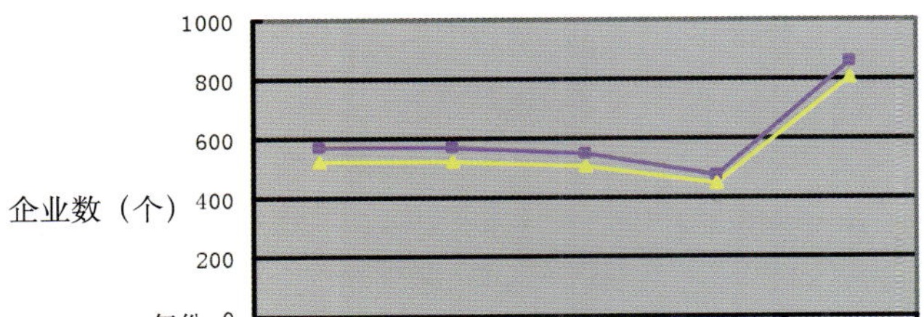

	2006	2007	2008	2009	2010
企业个数	567	571	550	476	859
内资企业	519	519	505	446	804

北京市勘察设计行业港澳台与外商企业发展情况

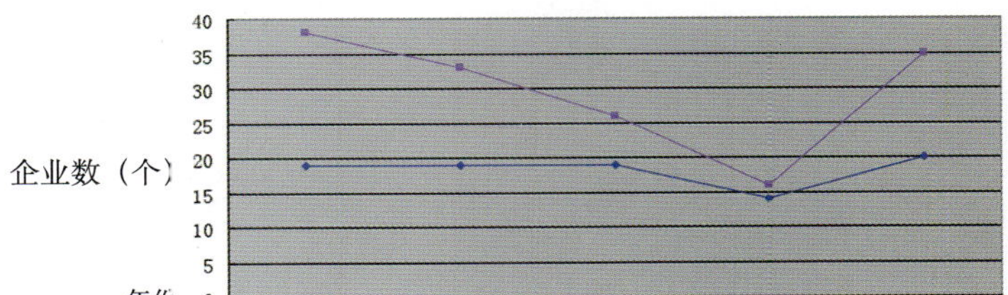

	2006	2007	2008	2009	2010
港澳台商投资企业	19	19	19	14	20
外商投资企业	38	33	26	16	35

北京市勘察设计行业内资股份制企业构成

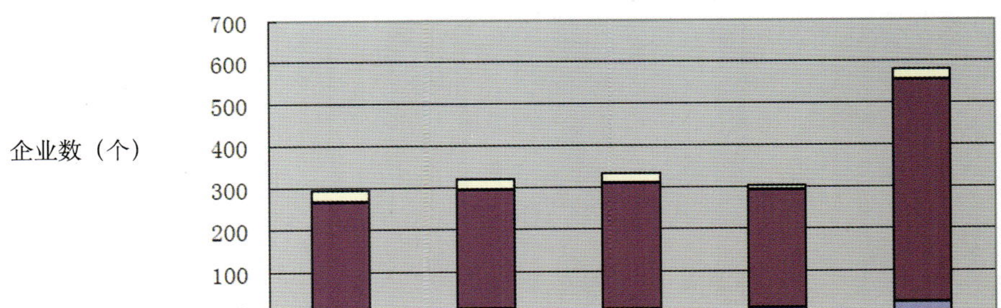

	2006	2007	2008	2009	2010
股份有限公司	28	28	25	11	27
其他有限责任公司	258	284	301	282	529
国有有限责任公司	6	8	7	8	23

北京市勘察设计企业内资企业类型构成

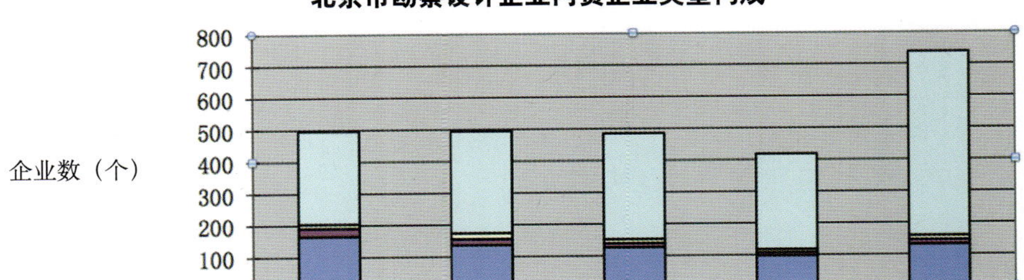

	2006	2007	2008	2009	2010
股份公司合计	292	320	333	301	579
股份合作企业	13	19	13	10	14
集体企业	26	19	13	10	14
国有企业	165	136	126	97	131

2006—2010年北京市勘察设计统计年报行业分析
行业人员发展情况

北京市勘察设计行业技术人员情况汇总

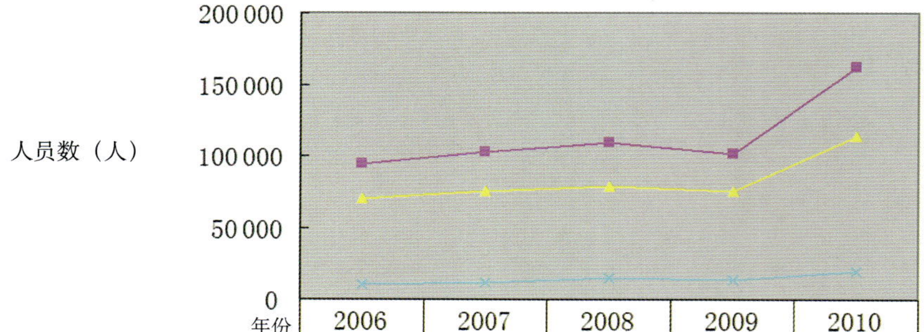

年份	2006	2007	2008	2009	2010
期末从业人员合计	94 412	102 881	109 405	100 991	162 101
期末专业技术人员合计	70 206	74 996	78 241	75 486	113 616
期末注册职业人次	10 207	12 065	15 032	13 500	19 611

北京勘察设计行业专业技术人员构成

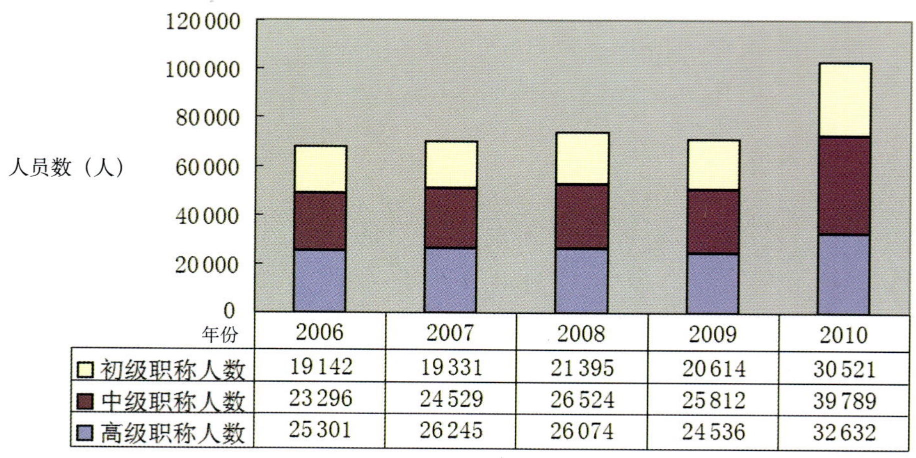

年份	2006	2007	2008	2009	2010
初级职称人数	19 142	19 331	21 395	20 614	30 521
中级职称人数	23 296	24 529	26 524	25 812	39 789
高级职称人数	25 301	26 245	26 074	24 536	32 632

北京市勘察设计行业注册工程技术人员资质构成（一）

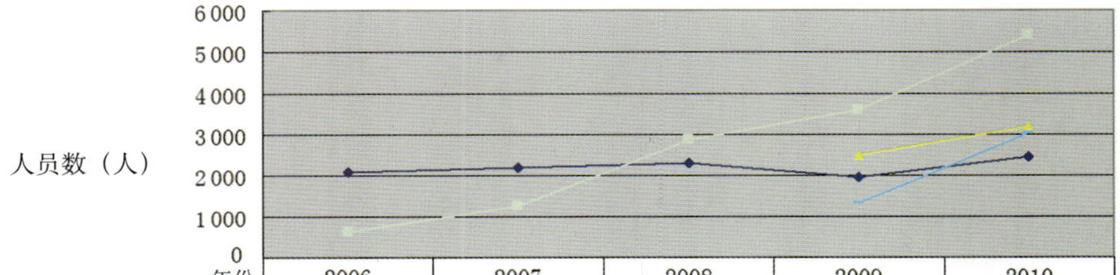

年份	2006	2007	2008	2009	2010
一级注册建筑师	2 095	2 193	2 307	1 961	2 465
一级注册结构工程师				2 507	3 194
一级注册建造工程师				1 339	3 045
其他注册工程师	620	1 249	2 871	3 605	5 422

北京市勘察设计行业注册工程技术人员资质构成（二）

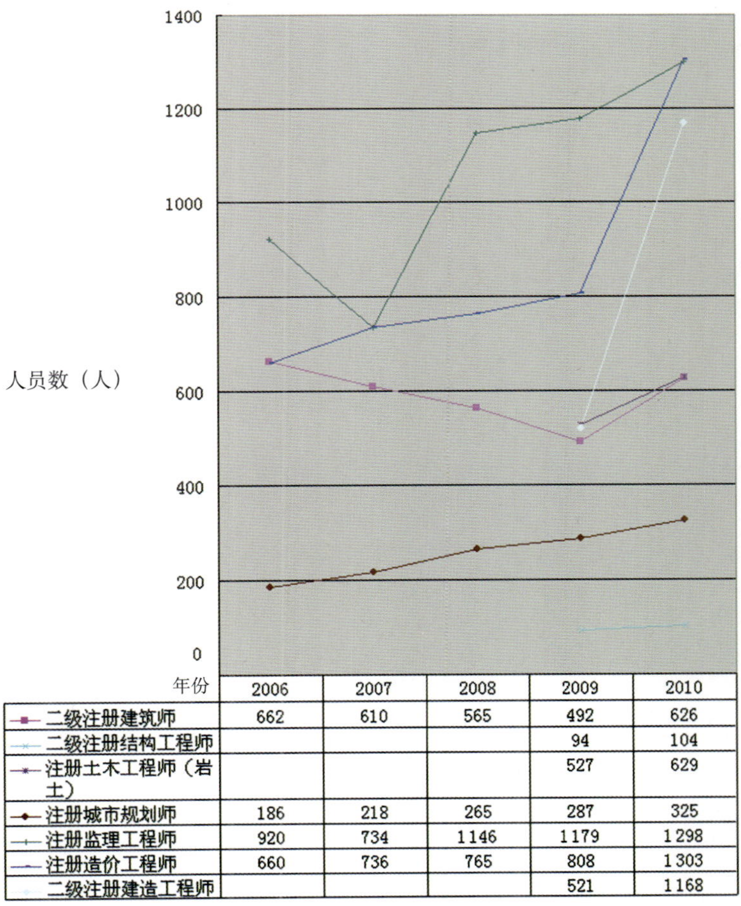

年份	2006	2007	2008	2009	2010
二级注册建筑师	662	610	565	492	626
二级注册结构工程师				94	104
注册土木工程师（岩土）				527	629
注册城市规划师	186	218	265	287	325
注册监理工程师	920	734	1 146	1 179	1 298
注册造价工程师	660	736	765	808	1 303
二级注册建造工程师				521	1 168

2006—2010年北京市勘察设计统计年报行业分析
行业业务完成发展情况

北京市工程勘察设计行业合同额完成情况统计

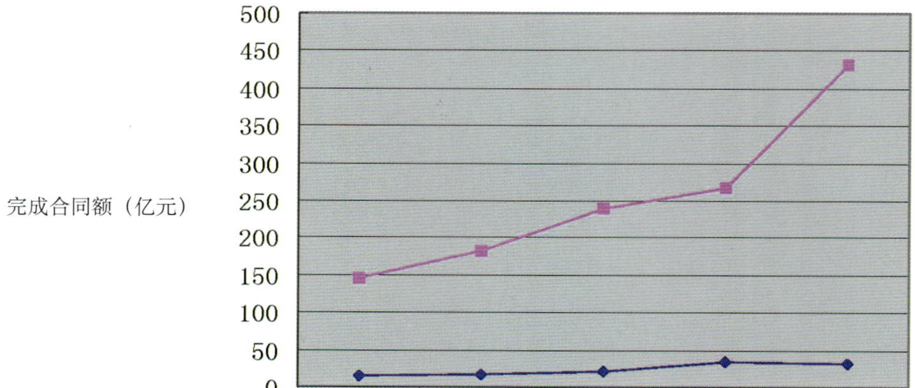

年份	2006	2007	2008	2009	2010
工程勘察完成合同额合计	15.81	16.73	20.61	34.79	31.27
工程设计完成合同额合计	144.44	182.66	238.75	266.6	431.96

北京市勘察设计行业工程承包业合同额完成情况统计

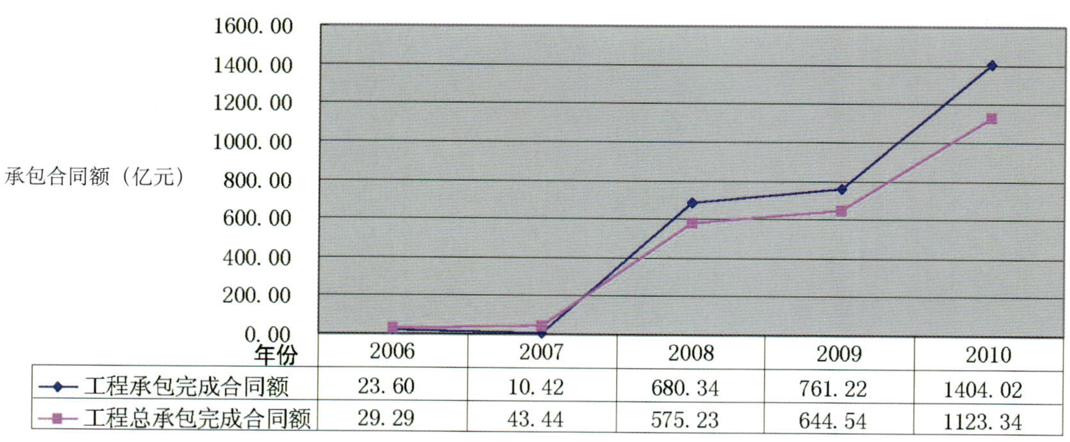

年份	2006	2007	2008	2009	2010
工程承包完成合同额	23.60	10.42	680.34	761.22	1404.02
工程总承包完成合同额	29.29	43.44	575.23	644.54	1123.34

北京市工程勘察行业服务业完成合同额成分构成

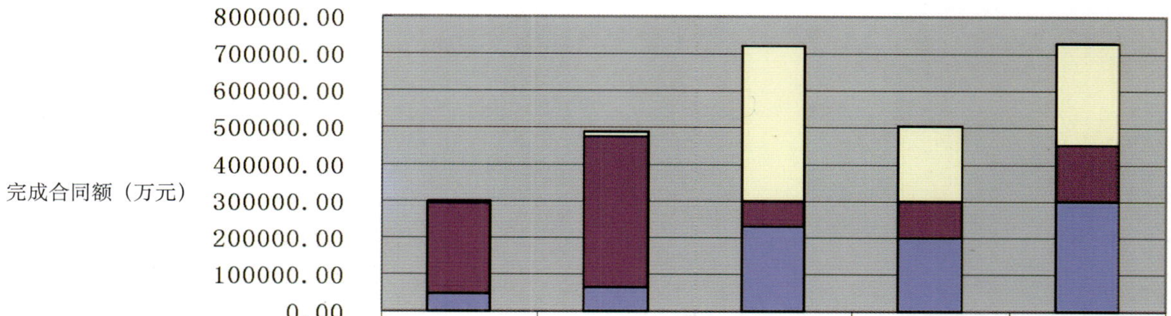

年份	2006	2007	2008	2009	2010
项目管理	6805.19	10999.00	427931.00	209850.00	277230.00
工程监理	243833.87	411591.00	68320.00	99211.00	155326.00
工程咨询	49506.91	65033.00	227953.00	197909.00	296739.00

北京市境外工程完成合同额统计

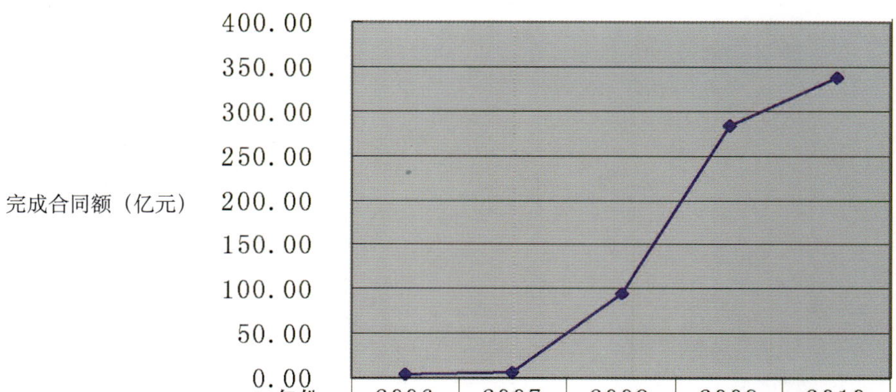

年份	2006	2007	2008	2009	2010
境外工程完成合同额 /亿元	4.53	5.52	93.96	283.70	336.80

2006—2010年北京市勘察设计统计年报行业分析
行业科技活动发展情况

北京市勘察设计行业企业拥有专利和专有技术统计

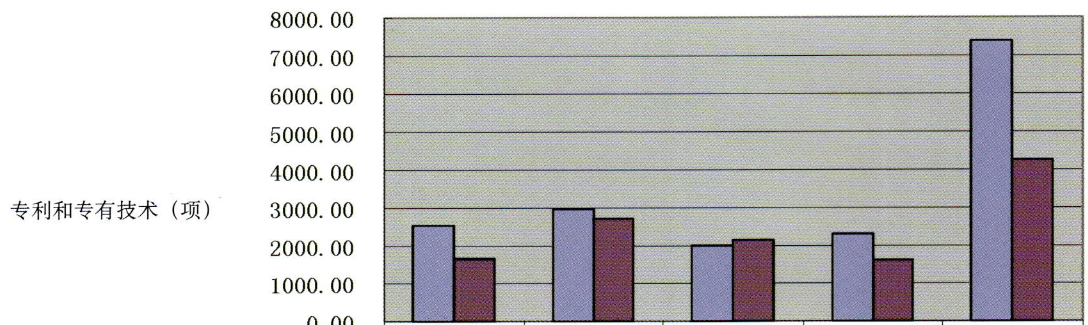

年份	2006	2007	2008	2009	2010
企业累计拥有专利数	2528.00	2972.00	1999.00	2310.00	7387.00
企业累计拥有专有技术数	1660.00	2733.00	2166.00	1606.00	4285.00

北京市勘察设计行业科技支出与科技成果转让统计

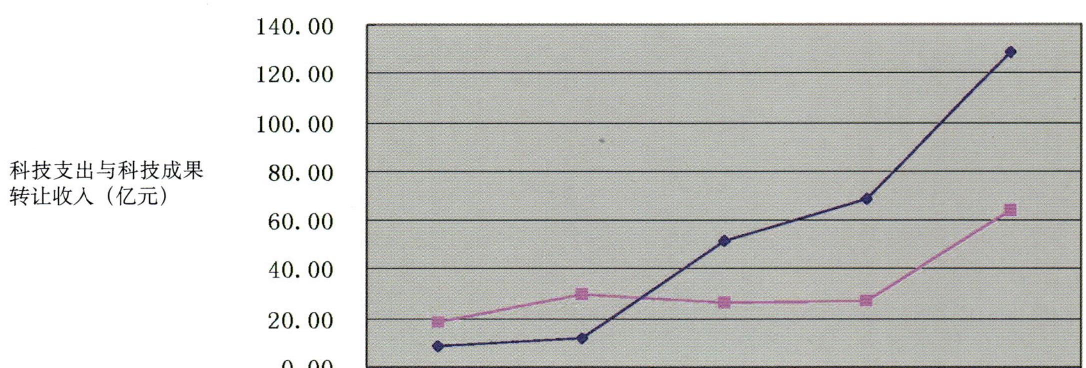

年份	2006	2007	2008	2009	2010
科技活动支出	18.81	29.44	26.17	27.38	64.38
科技成果转让收入	8.85	11.88	51.20	68.87	129.01

2006—2010年北京市勘察设计统计年报行业分析
行业营业收入发展情况

北京市勘察设计行业营业收入合计

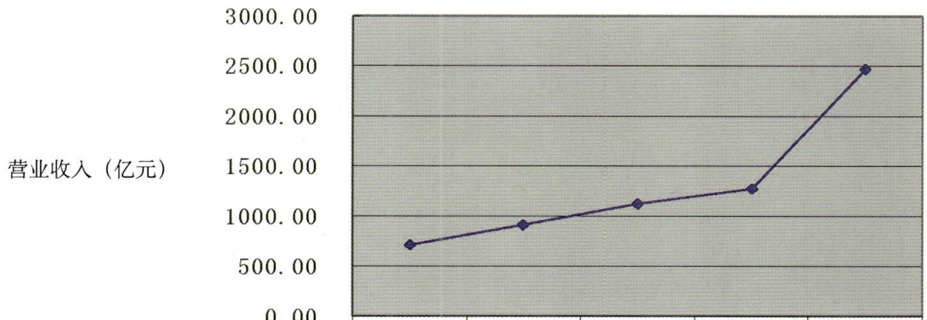

年份	2006	2007	2008	2009	2010
营业收入合计	704.69	907.00	1128.41	1266.26	2469.13

北京市勘察设计行业营业收入分类比较

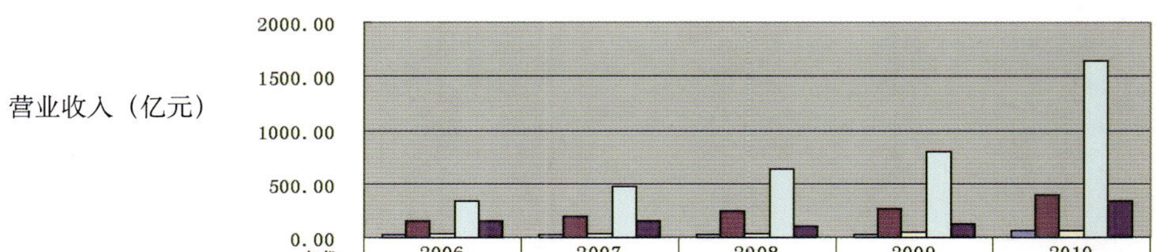

年份	2006	2007	2008	2009	2010
工程勘察收入	21.75	19.04	23.42	27.49	53.40
工程设计收入	146.62	196.73	241.16	266.22	390.08
技术管理服务收入	32.56	35.05	39.20	42.08	60.43
工程承包收入	331.82	473.02	639.15	801.96	1636.69
其他收入	145.6	153.01	101.97	128.52	333.91

北京市勘察设计行业营业收入与营业成本比较

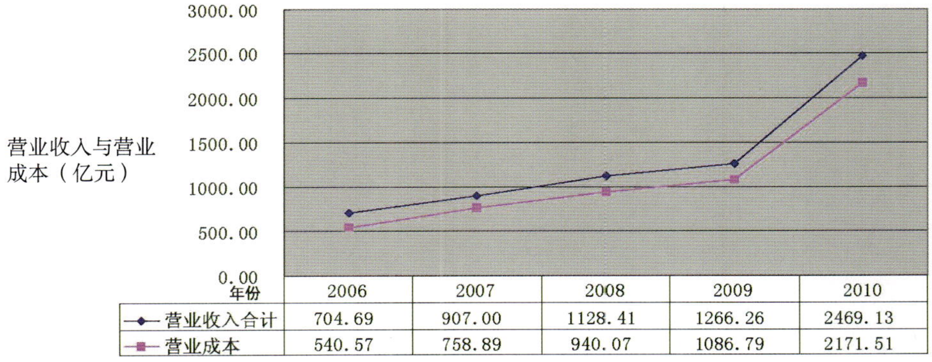

年份	2006	2007	2008	2009	2010
营业收入合计	704.69	907.00	1128.41	1266.26	2469.13
营业成本	540.57	758.89	940.07	1086.79	2171.51

北京市勘察设计行业人均营业收入

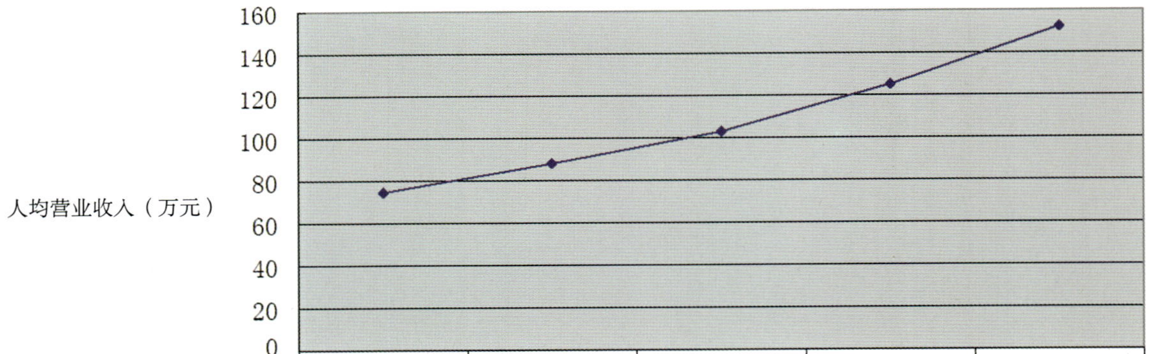

年份	2006	2007	2008	2009	2010
人均营业收入	74.64	88.16	103	125	152.32

北京勘察设计行业工程勘察收入汇总

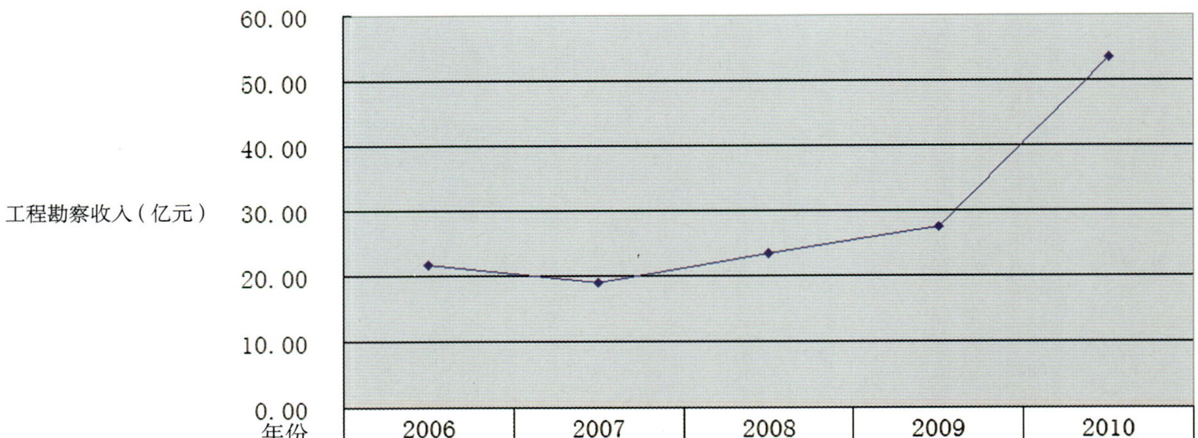

年份	2006	2007	2008	2009	2010
工程勘察收入	21.75	19.04	23.42	27.49	53.40

2006—2010年北京市勘察设计统计年报行业分析
行业财务发展情况

北京市勘察设计行业财务情况汇总（一）

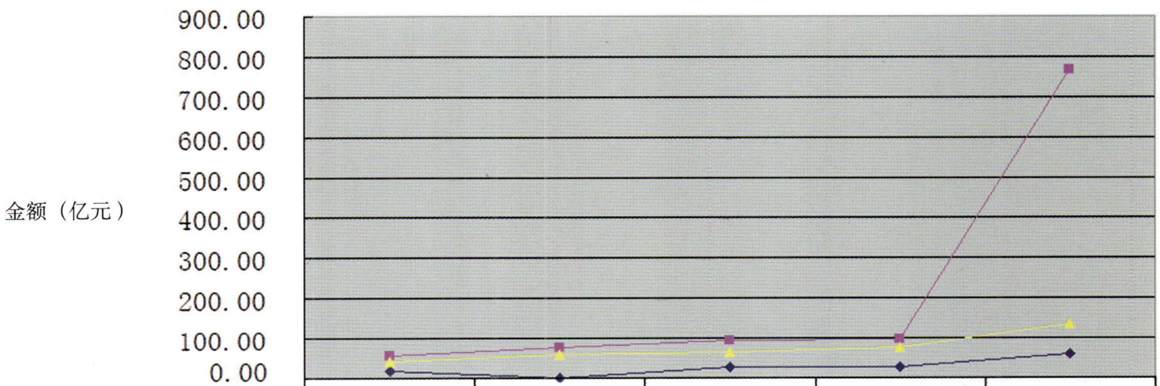

年份	2006	2007	2008	2009	2010
营业税金及附加	17.85	0.00	25.91	25.20	57.72
利润总额	57.05	77.79	93.07	96.14	767.06
净利润	41.54	57.67	66.25	75.39	136.79

北京市勘察设计行业财务情况汇总（二）

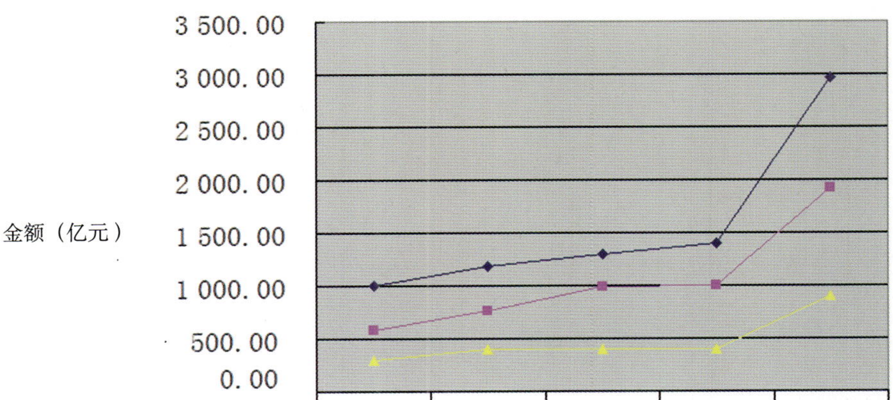

年份	2006	2007	2008	2009	2010
资产合计	995.71	1179.41	1299.95	1393.18	2969.06
负债合计	576.97	759.50	990.20	995.47	1922.94
所有者权益合计	299.03	400.30	397.99	401.80	901.36

2010年北京市勘察设计行业施工图设计文件审查数据表

审查数据类别	工程项目总数/项	总建筑面积/万平方米	审查费用/万元	违反强制性条文总数/条	强制性条文违反率	违反一般规范条文总数/条	一般条文违反率
房屋建筑工程施工图设计文件审查	2796	5275.05	8504.00	234	0.04条/万平方米	35071	6.65条/万平方米
房屋建筑工程和市政基础设施工程勘察文件	2038		1215.67	28	0.01条/项	1728	6.65条/项
市政基础设施工程施工图设计文件	799		2079.93	343	0.43条/项	4399	5.51条/项

2010年北京市勘察设计行业继续教育培训总体情况表

课程设置		开设班次/次	培训人数/人次
建筑		31	4608
其中	必修	11	1829
	选修	20	2779
结构		25	3672
其中	必修	7	1281
	选修	18	2391
岩土		2	71
其中	必修	0	0
	选修	2	71
规划		4	201
其中	必修	2	85
	选修	2	116
总计		62	8552

排行榜

2010年北京市工程勘察设计企业营业收入前20名排序

（表中数据均取自北京市勘察设计行业年报数据统计结果）

序号	企业名称
1	中国石化工程建设公司
2	中国寰球工程公司
3	中国水电工程顾问集团公司
4	中冶京诚工程技术有限公司
5	中国核电工程有限公司
6	中铝国际工程有限责任公司
7	中国石油集团工程设计有限责任公司
8	泛华建设集团有限公司
9	中国中建设计集团有限公司
10	中国华电工程（集团）有限公司
11	中国恩菲工程技术有限公司
12	中国昆仑工程公司
13	中国京冶工程技术有限公司
14	中国航天建筑设计研究院（集团）
15	北京首钢国际工程技术有限公司
16	中国电力工程顾问集团华北电力设计院工程有限公司
17	中国建筑设计研究院
18	国核电力规划设计研究院
19	中国中元国际工程公司
20	中国航空规划建设发展有限公司

2010年北京市工程勘察设计企业
勘察设计收入前20名排序

（表中数据均取自北京市勘察设计行业年报数据统计结果）

序号	企业名称
1	中国水电工程顾问集团公司
2	中国中建设计集团有限公司
3	中国建筑设计研究院
4	中国石化工程建设公司
5	中国移动通信集团设计院有限公司
6	中国石油集团工程设计有限责任公司
7	中铁工程设计咨询集团有限公司
8	中国核电工程有限公司
9	中交公路规划设计院有限公司
10	中国华电工程（集团）有限公司
11	北京市建筑设计研究院
12	中铁第五勘察设计院集团有限公司
13	中国电力工程顾问集团华北电力设计院工程有限公司
14	中国恩菲工程技术有限公司
15	中国航空规划建设发展有限公司
16	中国公路工程咨询集团有限公司
17	中冶京诚工程技术有限公司
18	中国中元国际工程公司
19	中国航天建筑设计研究院（集团）
20	国核电力规划设计研究院

2010年北京市工程勘察设计企业营业税金及附加前20名排序

（表中数据均取自北京市勘察设计行业年报数据统计结果）

序号	企业名称
1	中国水电工程顾问集团公司
2	中国中建设计集团有限公司
3	中冶京诚工程技术有限公司
4	中国寰球工程公司
5	中国建筑设计研究院
6	泛华建设集团有限公司
7	北京中联环建文建筑设计有限公司
8	北京中外建建筑设计有限公司
9	中国航天建筑设计研究院（集团）
10	中国石油集团工程设计有限责任公司
11	中国移动通信集团设计院有限公司
12	中铁工程设计咨询集团有限公司
13	中国公路工程咨询集团有限公司
14	中国建筑技术集团有限公司
15	中铝国际工程有限责任公司
16	中国京冶工程技术有限公司
17	中国石化工程建设公司
18	中国电力工程顾问集团华北电力设计院工程有限公司
19	中国中元国际工程公司
20	中国电子工程设计院

2010年北京市工程设计企业营业收入前20名排序

（表中数据均取自北京市勘察设计行业年报数据统计结果）

序号	企业名称
1	中国石化工程建设公司
2	中国寰球工程公司
3	中国水电工程顾问集团公司
4	中冶京诚工程技术有限公司
5	中国核电工程有限公司
6	中铝国际工程有限责任公司
7	中国石油集团工程设计有限责任公司
8	泛华建设集团有限公司
9	中国中建设计集团有限公司
10	中国华电工程（集团）有限公司
11	中国恩菲工程技术有限公司
12	中国昆仑工程公司
13	中国京冶工程技术有限公司
14	中国航天建筑设计研究院（集团）
15	北京首钢国际工程技术有限公司
16	中国电力工程顾问集团华北电力设计院工程有限公司
17	中国建筑设计研究院
18	国核电力规划设计研究院
19	中国中元国际工程公司
20	中国航空规划建设发展有限公司

2010年北京市工程勘察企业营业收入前20名排序

（表中数据均取自北京市勘察设计行业年报数据统计结果）

序号	企业名称
1	北京振冲工程股份有限公司
2	建研地基基础工程有限责任公司
3	建设综合勘察研究设计院有限公司
4	北京东方新星石化工程股份有限公司
5	中航勘察设计研究院有限公司
6	中化岩土工程股份有限公司
7	北京城建勘测设计研究院有限责任公司
8	中基发展建设工程有限责任公司
9	北京市勘察设计研究院有限公司
10	中兵勘察设计研究院
11	北京市地质工程勘察院
12	北京爱地地质勘察基础工程公司
13	北京航天勘察设计研究院
14	北京中地大工程勘察设计研究院有限责任公司
15	中材地质工程勘查研究院
16	明达化工地质有限责任公司
17	北京中化东方工程勘察设计有限公司
18	北京寰球地科工程技术有限公司
19	北京地矿工程建设有限责任公司
20	北京市城乡建设勘察设计院

2010年北京市工程勘察设计行业专项企业营业收入前20名排序

（表中数据均取自北京市勘察设计行业年报数据统计结果）

序号	企业名称
1	同方股份有限公司
2	北京江河幕墙股份有限公司
3	北京港源建筑装饰工程有限公司
4	太极计算机股份有限公司
5	中国大唐集团科技工程有限公司
6	中国核工业中原建设有限公司
7	北京建工四建工程建设有限公司
8	北京国电龙源环保工程有限公司
9	北京博奇电力科技有限公司
10	北京金港机场建设有限责任公司
11	北京四方继保自动化股份有限公司
12	北京丽贝亚建筑装饰工程有限公司
13	中国凯瑞国际经济技术合作有限公司
14	北京侨信装饰工程有限公司
15	同方环境股份有限公司
16	中建电子工程有限责任公司
17	北京桑德环境工程有限公司
18	北京远洋中广建筑装饰工程有限公司
19	北京国电富通科技发展有限责任公司
20	中建一局集团装饰工程有限公司

2010年北京市工程设计与施工一体化企业营业收入前20名排序

（表中数据均取自北京市勘察设计行业年报数据统计结果）

序号	企业名称
1	中铁建设集团有限公司
2	中建一局集团第二建筑有限公司
3	中科软科技股份有限公司
4	北京市建筑装饰设计工程有限公司
5	北京市电话工程公司
6	北京力天大成装饰工程有限公司
7	北京华夏建设发展有限公司
8	北京华安北海消防安全工程有限公司
9	北京中消长城消防安全工程有限公司
10	北京冠林盈科智能系统集成有限公司
11	北京梅兰长城机房设备工程有限公司
12	北京爱地鑫装饰艺术有限责任公司
13	北京艺成园装修设计有限公司
14	北京鸿屹丰彩装饰工程有限公司
15	北京富盛星电子有限公司
16	北京益泰牡丹电子工程有限责任公司
17	北京市琪舰消防工程有限责任公司
18	北京市金厦艺林装饰装修工程有限公司
19	北京科海机房装饰工程有限公司
20	北京科华消防工程有限公司

北京工程设计综合资质企业名单

序号	企业名称	发证日期	有效期
1	中国航空规划建设发展有限公司	2009/09/11	2012/10/22
2	中国恩菲工程技术有限公司	2009/03/18	2014/03/18
3	中国中元国际工程公司	2008/03/04	2013/03/04
4	中国电子工程设计院	2008/08/06	2013/08/06
5	中国石化工程建设公司	2008/03/24	2013/03/24
6	中冶京诚工程技术有限公司	2008/08/06	2013/08/06
7	北京国电华北电力工程有限公司	2008/05/08	2013/05/08
8	五洲工程设计研究院（中国兵器工业第五设计研究院）	2009/09/15	2013/05/08
9	中国寰球工程公司	2008/06/23	2013/06/23
10	中铁工程设计咨询集团有限公司	2009/02/06	2014/02/06
11	中国石油集团工程设计有限责任公司	2008/08/06	2013/08/06
12	中交水运规划设计院有限公司	2009/12/04	2014/12/04
13	总装备部工程设计研究总院	2008/09/23	2013/09/23
14	北京首钢国际工程技术有限公司	2011/03/25	2016/03/25
15	国核电力规划设计研究院	2009/11/03	2014/11/03
16	中国电力工程顾问集团华北电力设计院工程有限公司	2010/03/29	2013/05/08

Excellent Show

第三部分
优秀展示

北京市勘察设计行业两院院士名录

（按姓氏笔画排序，依据单位报送材料进行整理刊登）

序号	姓名	工作单位	荣誉称号	评定年份
1	马国馨	北京市建筑设计研究院	中国科学院院士	1997
2	关肇邺	清华大学建筑设计研究院有限公司	中国工程院院士	1995
3	吴良镛	清华大学建筑与城市研究所	中国科学院院士 中国工程院院士	1980 1995
4	张在明	北京市勘察设计研究院	中国工程院院士	2003
5	周干峙	中国工程院	中国科学院院士 中国工程院院士	1991 1994
6	周锡元	中国建筑科学研究院	中国科学院院士	1997
7	邹德慈	中国城市规划设计研究院	中国工程院院士	2003
8	施仲衡	中国地铁工程咨询公司	中国工程院院士	1999
9	黄熙龄	中国建筑科学研究院	中国工程院院士	1995
10	傅熹年	中国建筑设计研究院	中国工程院院士	1994

北京勘察设计行业全国勘察设计大师名录

（按姓氏笔画排序，依据单位报送材料进行整理刊登）

序号	姓名	工作单位	授予年份
1	于长顺	中国恩菲工程技术有限公司	2008
2	于建平	总装备部工程设计研究总院	2000
3	马　一	核工业第二研究设计院	2000
4	马志文	中京邮电通信设计院	2004
5	马国馨	北京市建筑设计研究院	1994
6	卞昭庆	中煤国际工程集团北京华宇工程有限公司	1994
7	方鸿琪	建设综合勘察研究设计院有限公司	1994
8	牛恩宗	中交水运规划设计院	2000
9	王广鎏	中国纺织工业设计院	1990
10	王　丹	建设综合勘察研究设计院有限公司	2010
11	王亚勇	中国建筑科学研究院	2010
12	王成武	中广电广播电影电视设计研究院	1990
13	王建瑶	中交公路规划设计院	2000
14	王秉忱	建设综合勘察研究设计院有限公司	2004
15	王柏乐	水电水利规划设计总院	2004
16	王钟琦	建设综合勘察研究设计院有限公司	1990
17	邓听聪	邮电部北京设计所	1990
18	邓雪明	中国电子工程设计院	2000
19	冯克鑫	民航机场设计院	1994
20	包琦玮	北京市市政工程设计研究总院	2008
21	包锦明	中国电子工程设计院	1994
22	史　航	中国石油天然气管道集团工程有限公司	2010
23	叶德灿	核工业第二设计院	1990
24	田　会	中煤国际工程设计研究总院	2006
25	任庆英	中国建筑设计研究院	2008
26	伍宏业	中国寰球化学工程公司	1990

序号	姓名	工作单位	授予年份
27	关肇邺	清华大学建筑设计院	2000
28	刘 宁	水利部	2006
29	刘 涛	京移通信设计院有限公司	2006
30	刘 力	北京市建筑设计研究院	2004
31	刘树屯	中国航空工业规划设计研究院	1994
32	刘桂生	北京市市政工程设计研究总院	2006
33	刘巽璋	中国中元国际工程公司	1994
34	华中令	中国电子工程设计院	2004
35	孙 锐	中国电力工程顾问集团公司	2006
36	孙芳垂	中广电广播电影电视设计研究院	1990
37	庄惟敏	清华大学建筑设计研究院有限公司	2008
38	齐 诚	北京军区空军勘察设计所	1994
39	严星华	中广电广播电影电视设计研究院	1990
40	何广乾	中国建筑科学研究院	1994
41	何玉如	北京市建筑设计研究院	2000
42	吴 澎	中交水运规划设计院中国交通信息中心	2008
43	吴启常	中冶京城工程技术有限公司	2000
44	吴学敏	中国建筑设计研究院	1994
45	张仁清	中国五洲工程设计有限公司	2004
46	张开济	北京市建筑设计研究院	1990
47	张同须	中国移动通信集团设计院有限公司	2010
48	张在明	北京市勘察设计研究院	2000
49	张 宇	北京市建筑设计研究院	2010
50	张庆樾	中国五洲工程设计有限公司	2000
51	张志正	中讯邮电咨询设计院有限公司	1994
52	张国霞	北京市勘察设计研究院	1990

序号	姓名	工作单位	授予年份
53	张泽明	国防科工委工程设计研究总院	1994
54	张显林	北京石化工程公司	1994
55	张维岳	中国建筑科学研究院	2004
56	张　博	北京市建筑设计研究院	1990
57	李全熙	北京石油化工工程公司	1990
58	李志方	中国昆仑工程公司（中国纺织工业设计院）	1990
59	李明辉	中煤国际工程集团北京华宇工程有限公司	2010
60	李娥飞	中国建筑设计研究院	1994
61	李　湘	机械电子部第十设计研究院	1990
62	沈小克	北京市勘察设计研究院	2004
63	沈荫泰	中国航空工业规划设计研究院	1994
64	肖小兵	国家林业局林产工业规划设计院	2004
65	邵厚坤	中国工程设计咨询集团有限公司（原铁道部专业设计院）	1990
66	邹孝叔	中冶京城工程技术有限公司	1994
67	陆国杰	中航勘察设计研究院	2010
68	陈民三	中国中元国际工程公司	1990
69	陈雨孙	建设综合勘察研究设计院有限公司	1990
70	陈登文	北京有色冶金设计研究总院	1994
71	陈登鳌	中国建筑设计研究院	1990
72	卓宝熙	中铁工程设计咨询有限公司	1994
73	周凤广	总装备部工程设计研究总院	2010
74	周国材	中广电广播电影电视设计研究院	1994
75	周瑞明	中国五洲工程设计有限公司	1990
76	孟凡超	中交公路规划设计院	2006
77	林可冀	北京勘察设计研究院	2000
78	林宗元	中国五洲工程设计有限公司	1990

序号	姓名	工作单位	授予年份
79	林治远	北京市市政设计研究院	1990
80	罗文德	中国昆仑工程公司（中国纺织工业设计院）	2000
81	罗　玲	北京市市政工程设计研究总院	1994
82	罗继杰	空军工程设计研究局	2004
83	郁银泉	中国建筑标准设计研究院	2010
84	金孟申	中广电广播电影电视设计研究院	1990
85	金效先	中国中轻国际工程有限公司	1990
86	娄　宇	中国电子工程设计院	2010
87	施立成	中国五洲工程设计有限公司	1994
88	柯友之	核工业第二设计院	1994
89	柯长华	北京市建筑设计研究院	2006
90	胡　越	北京市建筑设计研究院	2006
91	胡庆昌	北京市建筑设计研究院	1994
92	胡远涵	中国航空工业规划设计研究院	2004
93	胡绍学	清华大学建筑设计研究院有限公司	2000
94	赵冬日	北京市建筑设计研究院	1990
95	赵安仁	中国船舶工业总公司第九设计研究院	1990
96	赵冠谦	中国建筑设计研究院	2000
97	赵祖望	中国航天建筑设计研究院	2000
98	钟思广	航空工业规划设计研究院	1990
99	项　勃	中国五洲工程设计有限公司	2004
100	骆学聪	中广电广播电影电视设计研究院	2000
101	高士国	北京市市政工程设计研究总院	2004
102	徐松茂	中讯邮电咨询设计院有限公司	1990
103	徐　炽	纺织部设计院	1994
104	柴裴义	北京市建筑设计研究院	2004

序号	姓名	工作单位	授予年份
105	聂运新	中国中元国际工程公司	1990
106	袁炳麟	北京市勘察设计研究院	1994
107	郭孝礼	国内贸易工程设计研究院（原商业部设计院）	1994
108	顾宝和	建设综合勘察研究设计院有限公司	2000
109	崔　恺	中国建筑设计研究院	2000
110	崔　宪	航空工业规划设计研究院	1990
111	常士骠	中国五洲工程设计有限公司	1990
112	黄三荣	中讯邮电咨询设计院有限公司	2000
113	萧汉英	中国五洲工程设计有限公司	2000
114	黄志仑	中航勘察设计研究院	1990
115	黄运基	中国中轻国际工程有限公司	2000
116	黄星元	中国电子工程设计院	2000
117	黄锡缪	中国中元国际工程公司	2000
118	龚德顺	中国建筑设计研究院	1990
119	喇华珮	北京有色冶金设计研究总院	1990
120	程懋堃	北京市建筑设计研究院	2004
121	蒋继穆	北京有色冶金设计研究总院	2000
122	谢　卫	中国电子工程设计院	2008
123	谢临深	国内贸易工程设计研究院（原商业部设计院）	1990
124	韩光宗	航空工业规划设计院	2000
125	韩师休	林产工业设计院	1990
126	韩志刚	中讯邮电咨询设计院有限公司	2004
127	韩国瑞	中冶京诚工程技术有限公司	2006
128	裘祖聿	邮电部北京设计院	1994
129	熊　明	北京市建筑设计研究院	1990

北京勘察设计行业

两院院士及中国勘察设计大师简介

马国馨(1942—)

专业：建筑设计及其理论

职称：教授级高级工程师

中国科学院院士评定时间：1997 年

大师评定时间：1994 年

单位：北京市建筑设计研究院

参与的重大项目与获奖情况：

全国“五一”劳动奖章 1990 年

国家有突出贡献的出国留学人员称号 1991 年

全国先进工作者称号 1995 年

第二届“梁思成建筑奖” 2002 年

毛主席纪念堂 全国科技大会特别奖 1978 年

第十一届亚运会北京国家奥林匹克体育中心与亚运村 全国第五届优秀工程设计建筑金奖 1991 年

北京首都国际机场第二航站楼 全国第十届优秀工程设计建筑金奖 2003 年

关肇邺(1929—)

专业：建筑学

职称：教授

中国工程院院士评定时间：1995 年

大师评定时间：2000 年

单位：清华大学建筑设计研究院有限公司

参与的重大项目与获奖情况：

世界华人建筑师协会建筑设计奖 2005 年

首届“梁思成建筑奖”2000 年

清华大学图书馆新馆 建设部国家优秀工程设计金奖

埃及亚历山大图书馆 联合国教科文组织、国际建协，建筑设计国际竞赛特别奖，排名第一 1989 年

清华大学理学院建筑群 国家优秀工程铜奖 2000 年

北京大学图书馆新馆 北京市规委员会首都建筑设计十佳建筑 1999 年

清华大学医学院 国家优秀工程设计金奖 2010 年

吴良镛 (1922—)

专业：建筑学
职称：教授
中国科学院院士评定时间：1980 年
中国工程院院士评定时间：1995 年
单位：清华大学建筑与城市研究所

参与的重大项目与获奖情况：

荷兰克劳斯亲王基金会 2002 年度克劳斯亲王奖 2002 年
首届 “ 梁思成建筑奖 ” 2000 年
法国政府法国文化艺术骑士勋章 1999 年
国际建筑师协会国际建协教育 / 评论奖 1996 年
北京市菊儿胡同危旧房改建试点工程 亚洲建筑师协会金质奖，联合国总部世界人居奖 (英国住房和社会住宅基金会) 1992 年

张在明 (1942—2009 年)

专业：工业与民用建筑
职称：教授级高级工程师
中国工程院院士评定时间：2003 年
大师评定时间：2000 年
单位：北京市勘察设计研究院

参与的重大项目与获奖情况 ：

北京银泰中心岩土工程勘察及建筑设防水位分析 全国优秀工程勘察金奖 2009 年
中国国家大剧院岩土工程勘察 全国优秀工程勘察金奖 2007 年
北京国际竹藤中心工程勘察与分析 全国优秀工程勘察金奖 2002 年
北京 LG 大厦岩土工程勘察、设防水位分析与基础设计分析 全国优秀工程勘察银奖 2007 年
中关村西区地下综合管廊与地下空间开发项目岩土工程勘察与地基基础技术咨询 全国优秀工程勘察银奖 2007 年

周干峙 (1930—)

专业：建筑学
职称：教授
中国科学院院士评定时间：1991 年
中国工程院院士评定时间：1994 年
单位：中国工程院

参与的重大项目与获奖情况：

建国初期，具体负责编制了西安市总体规划和详细规划，为中国早期城市规划的编制树立了样板
参加指导并组织编制了上海市总体规划以及地震后的唐山市、天津市重建规划
指导编制了深圳经济特区总体规划
深入研究了住宅建设、城市交通、旧城改造等方面的问题
以 “ 滚动、灵活、深细、诱导 ” 的城市规划指导思想，提高了城市规划的深度和广度，发展了城市规划理论

周锡元 (1938—2011 年)

专业：地震工程
职称 ：研究员
中国科学院院士评定时间：1997 年
单位：中国建筑科学研究院

参与的重大项目与获奖情况 ：

最先在国内发展了城市和区域综合减灾的关键技术与防灾规划
主持了国家 “ 八五 ” 科技攻关课题 “ 城市建筑与生命线工程抗震新技术 ” 研究
获全国科技大会奖 1978 年
获国家科技进步二等奖 2008 年
获国家科技进步二等奖 2001 年
获国家科技进步二等奖 1998 年
获国家科技进步二等奖 1988 年
获国家科技进步三等奖 1995 年
国家 “ 八五 ” 科技攻关重大成果 1994 年
获华夏建设科技一等奖 (建设部) 2006 年
获建设部科技进步一等奖 1999 年

邹德慈 (1934—)

专业：城市规划与研究

职称：教授级高级城市规划师

中国工程院院士评定时间：2003 年

单位：中国城市规划设计研究院

参与的重大项目与获奖情况：

20 世纪 50~60 年代主持和参加了重点新工业城市的总体规划

20 世纪 80 年代后参加天津市震后重建规划及指导三峡工程淹没城镇迁建规划等

近十多年参加和主持了 30 多个重要科技咨询项目，包括首都总体规划、上海发展战略研讨等

温州城市生态环境规划研究 浙江省优秀规划一等奖 2002 年 华夏优秀建设科技二等奖 2003 年

施仲衡 (1931—)

专业：地铁

职称：教授级高级工程师

职务：总工程师

中国工程院院士评定时间：1999 年

单位：中国地铁工程咨询公司

参与的重大项目与获奖情况：

研制了我国第一台压缩混凝土衬砌盾构

在北京地铁一期工程建设中，提出深埋改浅埋方案

主持许多大城市的城市轨道交通项目的建设规划、可行性研究及初步设计工作

主持 “国家中长期科技发展规划” 中 “大城市综合交通发展战略” 课题、“十一五” 国家科技支撑计划 “新型城市轨道交通技术” 项目等国家重大课题的研究工作

《地铁设计规范》建设部，科技进步二等奖，排名第一 1998 年

黄熙龄 (1927—)

专业：岩土工程

职称：研究员

中国工程院院士评定时间：1995 年

单位：中国建筑科学研究院

参与的重大项目与获奖情况：

主持 “软土地基设计计算理论和施工处理技术”、“膨胀土地基勘察设计方法” 等重大科研课题研究

云南小龙潭电厂、唐山重建、毛主席纪念堂、北京国际饭店、北京中国银行等数十项重大工程的复杂地基基础问题

参与上海地铁四号线隧道塌陷事故的处理

获全国科技大会奖 2 项，均排名第一 1978 年

获国家科技进步三等奖，排名第一 1989 年

获华夏科技进步二等奖，排名第一 2003 年

获华夏科技进步一等奖，排名第二 2006 年

获华夏科技进步二等奖，排名第一 2008 年

傅熹年 (1933—)

专业：建筑学

职称：研究员

中国工程院院士评定时间：1994 年

单位：中国建筑设计研究院

参与的重大项目与获奖情况：

浙江民居（主要完成人之一）

中国古代建筑史第二卷三国两晋南北朝隋唐建筑

中国古代城市规划建筑群布局及建筑设计方法研究

中国科学技术史 · 建筑卷等

国家建工总局科技进步奖一等奖 1980 年

首届全国优秀科技图书奖二等奖

全国优秀图书奖 1988 年

华夏建设科学技术奖一等奖 2003 年

华夏建设科学技术奖一等奖 2009 年

于长顺

专业：采矿工程
职称：教授级高级工程师
大师评定时间：2008 年
单位：中国恩菲工程技术有限公司

参与的重大项目与获奖情况：

04-1-001-15 特大型低品位斑岩铜矿床综合采选技术的研究与应用　国家科技进步一等奖　1999 年
江西铜业公司德兴铜矿三期工程　全国第十届优秀工程设计金质奖　2002 年
新疆阿希金矿工程　国家黄金管理局黄金行业第五届优秀设计一等奖　1998 年
江西铜业公司德兴铜矿三期工程　中国有色金属建设协会部级工程设计创新一等奖　2001 年

马一

职称：研究员级高级工程师
大师评定时间：2000 年
单位：核工业第二研究设计院

参与的重大项目与获奖情况：

“石墨水冷生产堆提高生产能力和经济效益的技术开发”专项获国家科学进步二等奖　1987 年
担任秦山核电站二期工程设计与技术服务总包院的设计总工程师
江苏田湾核电站设计总工程师

卞昭庆

专业：工程地质
职称：教授级高级工程师
大师评定时间：1994 年
单位：中煤国际工程集团北京华宇工程有限公司

参与的重大项目与获奖情况：

峰峰中央选煤厂工程地质勘察
京西王平村煤矿工程地质勘察
西山杜尔坪煤矿工程地质勘察
京西大安山煤矿工程地质勘察
开滦吕家坨副井塌陷事故勘察
开滦范各庄选煤厂工程地质勘察等共计 156 项工程
开滦范各庄选煤厂工程地质勘察　国家优秀勘察银质奖

方鸿琪（1933—）

专业：工程地质
职称：研究员
大师评定时间：1994 年
单位：建设综合勘察研究设计院有限公司

参与的重大项目与获奖情况：

岩石地下建筑技术措施工程地质勘测　全国科技大会奖　1978 年
地震工程地质研究及应用　国家科技进步三等奖　1985 年
城市工程地质系列图的组合原理及信息的空间传输暨应用研究国家科技进步二等奖　1990 年
城市地质环境与土地利用定量分析　国家科技进步奖　1995 年
城市地质环境专题图系模型的编制　建设部科技进步二等奖　1994 年
城市地质灾害地理信息系统研究　建设部科技进步一等奖　1997 年
场地地基震害效应的预测方法研究　建设部科技进步二等奖　1998 年
深圳福田保税区软基处理工程　建设部优秀工程二等奖　1995 年
华能丹东电厂软基处理工程　建设部优秀工程勘察一等奖　1998 年

王广鎣（1934—）

专业：建筑专业
职称：教授级高级工程师
大师评定时间：1990 年
单位：中国纺织工业设计院

参与的重大项目与获奖情况：

仪征化纤工业联合公司一期工程总体规划及涤纶一厂设计获国家优秀设计金质奖 1989 年
仪征化纤工程获全国最佳工程设计特等奖 1994 年
平顶山锦纶帘子布厂（二期工程）获国家优秀设计金质奖 1991 年

王丹（1962—）

专业：工程测量
职称：研究员
职务：副总经理
大师评定时间：2010 年
单位：建设综合勘察研究设计院有限公司

参与的重大项目与获奖情况：

北京市东城区地理信息资源数据库建设 全国优秀工程勘察金奖 2006 年
香港宝莲寺天坛大佛建造中的控制测绘工程 全国优秀工程勘察金奖 1991 年
山西侯马晋国遗址基础文物信息采集项目 全国优秀工程勘察银奖 2002 年
广州市大比例尺数字正射影像图制作及在城市规划中的应用 建设部科技进步二等奖 1998 年
场地与地基地震耐震类型与震害效应的研究 建设部科技进步二等奖 1998 年
《城市基础地理信息系统技术规范》
北京市优秀工程建设标准设计项目一等奖 2007 年

王亚勇（1943—）

专业：土木工程抗灾与防护工程（工程抗震）
职称：研究员
职务：院顾问、副总工程师
大师评定时间：2010 年
单位：中国建筑科学研究院

参与的重大项目与获奖情况：

主持省部级重大科研项目十余项，如：“澜沧－耿马强震记录数据处理与分析”，“首都圈大型公共建筑抗震鉴定、加固和改造综合技术研发”，“奥运场馆加固、改造关键技术研究”，“强地震地面运动分析与应用系统”等；主持中国革命历史博物馆、北京火车站、全国农业展览馆、工人体育场、首都体育馆等大型建筑的抗震鉴定、加固改造设计
获国家科技进步二等奖 2010 年
获国家科技进步三等奖 1992 年
获华夏建设科技一等奖 2003 年
获华夏建设科技一等奖 2004 年
获教育部科技进步一等奖 2007 年
获福建省科学技术二等奖 2008 年

王成武（1915—卒年不详）

专业：电讯专业
职称：教授级高级工程师
大师评定时间：1990 年
单位：中广电广播电影电视设计研究院

参与的重大项目与获奖情况：

人大会堂扩声系统改建工程 国家级优秀工程设计金奖
天安门广场改造工程（扩声系统）设计 部级优秀工程设计二等奖

王秉忱 (1932—)

专业：工程地质
职称：研究员
大师评定时间：2004 年
单位：建设综合勘察研究设计院有限公司

参与的重大项目与获奖情况：

沈阳市地下水人工回灌及其预测研究 辽宁省科技进步二等奖 1992 年
山东省济宁市地下水资源管理模型研究 建设部科技进步二等奖 1992 年
内蒙河套灌区配套工程环境影响评价 内蒙古水利科技一等奖 1991 年

王钟琦 (1930—)

专业：工程地质
职称：研究员
大师评定时间：1990 年
单位：建设综合勘察研究设计院有限公司

参与的重大项目与获奖情况：

放射性同位素测土的密度 原建工部技术革新奖 1958 年
电测静力触探 全国科学大会重大科研成果奖 1978 年
GC 型工程测振仪研制 国家建工总局二等奖 1980 年
唐山地震工程地质研究 全国建工机具双交会一等奖 1984 年
地震液化宏观形迹的研究 加拿大岩土工程会议推荐新项目 1980 年
地面断裂机制及地震效应 加拿大岩土工程会议推荐新项目 1980 年
地震液化过程中力的耦合作用 第二届全国土力学重点项目 1983 年
地震工程地质研究及应用 国家科学技术进步三等奖 1985 年

邓雪明 (1937—)

专业：无线电
职称：研究员级高级工程师
职务：原副总工程师
大师评定时间：2000 年
单位：中国电子工程设计院

参与的重大项目与获奖情况：

北京松下彩色显像管工程 (一期)
深圳赛格日立彩色显示器件工程 (一期)
陕西彩色显像管工程
大连黑白显像管生产线等
国家优秀工程设计银质奖，国家特奖，电子部优秀设计一等奖、二等奖，机械电子部科技进步奖一等奖

包琦玮 (1958—)

专业：市政道桥设计
职称：教授级高级工程师
大师评定时间：2008 年
单位：北京市市政工程设计研究总院

参与的重大项目与获奖情况：

北京市五环路工程 国家金质奖 2006 年，第六届詹天佑大奖 2007 年
北京市三环路改造工程 国家铜质奖 2006 年
北京市四环路工程 国家金质奖 2002 年 第三届詹天佑大奖 2003 年
北京市二环路新建改建工程 国家优秀设计金奖 1993 年
丰北路 (三环 ~ 四环) 改扩建工程 北京市优秀设计一等奖 2007 年
东莞市东部快速路工程 北京市优秀设计一等奖 2007 年
京石高速公路 (六里桥 ~ 市界) 大修工程 北京市优秀设计一等奖 2007 年
106 国道高速公路 (玉泉营 ~ 公路二环段) 工程 北京市优秀设计奖一等奖 2002 年
哈尔滨二环路快速干道立交工程 北京市优秀设计奖一等奖 2002 年
北京市西客站市政配套工程 北京市优秀设计奖一等奖 1998 年

包锦明（1930—）

专业：无线电
职称：研究员级高级工程师
职务：原副总工程师
大师评定时间：1994 年
单位：中国电子工程设计院

参与的重大项目与获奖情况：

北京国际交换系统有限公司程控交换机项目、上海浦东软件园、珠海软件园、北京图书馆新建工程（电子计算机咨询）、广播电影电视部国际电台可研评估、电子部电子产品可靠性与环境试验研究所、天津计算机工业小区规划、福建半导体研究所、地质部及国家计委计算中心、高可靠和环境试验研究所（第五研究所）等

国家优秀设计银质奖，国家科技进步二等奖，部级优秀设计奖

任庆英（1956—）

专业：建筑结构
职称：教授级高级工程师
大师评定时间：2008 年
单位：中国建筑设计研究院

参与的重大项目与获奖情况：

2008 年北京奥运会国家体育场，2008 年国家优秀设计金质奖

北京梅地亚宾馆获国家优秀设计银质奖

北京金融街富凯大厦获国家优秀设计银质奖、全国建筑结构优秀设计三等奖

首都博物馆新馆获 2008 年度全国工程勘察设计行业优秀工程勘察设计行业二等奖；国家优秀设计银质奖

北京金融街 B7 大厦 获 2008 年度全国工程勘察设计行业优秀工程勘察设计行业一等奖；国家优秀设计铜奖

刘力 (1939—)

专业：建筑设计
职称：教授级高级工程师
大师评定时间：2004 年
单位：北京市建筑设计研究院

参与的重大项目与获奖情况：

北京市有突出贡献的科学，技术，管理专家 1988 年

昆仑饭店 建设部优秀设计（二等奖） 1989 年

炎黄艺术馆 全国第六届优秀工程设计奖（铜质奖）1994 年

首都图书大厦 建设部第九届优秀工程设计：建筑设计（二等奖）

2000 年全国优秀工程设计奖（铜质奖）2003 年

北京恒基中心（合作设计）北京市 90 年代十大建筑 2001 年

刘桂生 (1962—)

专业：道路桥梁
职称：教授级高级工程师
大师评定时间：2006 年
单位：北京市市政工程设计研究总院

参与的重大项目与获奖情况：

东莞市东部快速路工程 北京市优秀工程设计一等奖 2007 年

北京中关村科技园海淀园中心区综合交通规划 华夏建设科学技术三等奖 / 北京市工程咨询一等奖 2005 年

北京市四环路工程 詹天佑大奖 2003 年

北京市四环路工程 国家金质奖 2002 年

首都机场高速公路工程四元立交桥 詹天佑大奖 2000 年

首都机场高速公路工程 国家优秀设计奖 1996 年

北京市二环路新建改建工程 国家优秀设计奖 1993 年

刘巽璋（1927—卒年不详）

专业：机械工程设计
职称：教授级高级工程师
大师评定时间：1994 年
单位：中国中元国际工程公司

参与的重大项目与获奖情况：

独立承担组织长沙矿山、郑州工程、贵阳矿山、长江挖掘机等项目的扩充设计和施工图设计
巴基斯坦重机厂项目总设计师 20 世纪 70 年代国家优秀设计项目 1967 年—1973 年
第一重机厂热加工技术改造项目设计主师 1974 年—1975 年
“2000 年机械工业发展规划大纲” 领导小组成员
中铸协决定授予刘巽璋同志 “终身成就奖” 2010 年

华中令 (1936—)

专业：化学生产机器及设备
职称：研究员级 高级工程师
职务：原副总工程师
大师评定时间：2004 年
单位：中国电子工程设计院

参与的重大项目与获奖情况：

航天服试验工程、应急生保试验舱副舱工程、105 平方米燃油蓄热式显像管玻壳玻璃池炉、显像管玻壳池炉烟气电除尘系统、离子交换膜电渗析法提纯回收氢氧化钾废液、B49-1/YL 型封闭轨悬挂输送机、援朝三九项目超高频电子管厂
国家优秀设计奖，国家科技进步二等奖，国家科技成果完成者，电子工业部科技进步一等奖、三等奖，信息产业部优秀设计一等奖、三等奖，信息产业部电子工程优秀勘察设计一等奖，机械电子工业部科技进步三等奖

孙芳垂（1920—卒年不详）

专业：土木工程系
职称：教授级高级工程师
大师评定时间：1990 年
单位：中广电广播电影电视设计研究院

参与的重大项目与获奖情况：

中央彩电中心 优秀工程设计国家金奖
中央电视塔筒中筒设计 建设部科技进步二等奖
中央电视塔 家优秀工程设计国家铜奖
南京电视塔 全国第三届优秀建筑结构优秀设计奖
辽宁电视塔 优秀工程设计国家银奖
中国国际广播电台 国家级优秀工程设计银质奖

庄惟敏 (1962—)

专业：建筑学
职称：教授
职务：院长、总建筑师
大师评定时间：2008 年
单位：清华大学建筑设计研究院有限公司

参与的重大项目与获奖情况：

中国美术馆改造装修工程 全国第十二届优秀工程设计项目金质奖 2006 年
乔波冰雪世界滑雪馆及配套会议中心 全国第十三届优秀工程设计项目银质奖 2008 年
2008 年奥运会北京射击馆 全国第十三届优秀工程设计项目银质奖 2009 年
清华科技园科技大厦 全国第十三届优秀工程设计项目银质奖 2009 年
2008 年奥运会北京射击馆 中国建设工程鲁班奖国家优质工程奖鲁班奖；第八届中国土木工程詹天佑奖；北京市奥运工程优秀勘察设计奖；北京市奥运工程落实 “三大理念” 突出贡献奖 2009 年
北京科技大学体育馆 (2008 年奥运会柔道、跆拳道比赛馆） 北京市奥运工程落实 “三大理念” 突出贡献奖 2009 年

严星华 (1921—)

专业：建筑学
职称：教授级高级工程师
大师评定时间：1990 年
单位：中广电广播电影电视设计研究院

参与的重大项目与获奖情况：

内蒙古自治区彩电中心工程 部级优秀工程设计奖、内蒙古优秀工程创作奖
中央彩电中心 第五届国家级优秀工程奖金
农展馆 20 世纪 50 年代北京十大建筑

何广乾 (1920—2010 年)

专业：结构工程
职称：研究员
职务：原院顾问总工程师、院科技顾问
大师评定时间：1994 年
单位：中国建筑科学研究院

参与的重大项目与获奖情况：

提出了带肋薄壳计算方法、大跨度网架屋盖结构的计算方法、板壳结构边界元计算方法等多种结构理论计算方法
主持了中国银行总部大厦等重大工程项目，设计了北京亚运村康乐宫嬉水乐园大跨度空间胶合木屋架、沈阳 90 米直径的异形薄壳—网壳结构等
主持 1991 年国家自然科学基金会重大项目 “工程建设中智能辅助决策系统应用研究” 中 “高层建筑初步设计专家系统” 等重大科研课题
获国家发明创造四等奖 1974 年
获全国科学大会奖 3 项 1978 年
获建设部科技进步二等奖 1991 年
第一发明人获国际预应力协会 FIP 奖牌（每年仅授两人）1994 年
获中国建筑学会优秀建筑结构设计一等奖 1995 年

何玉如 (1939—)

专业：建筑设计
职称：教授级高级工程师
大师评定时间：2000 年
单位：北京市建筑设计研究院

参与的重大项目与获奖情况：

1998 年选入北京市有突出贡献的科学，技术，管理专家
北京大观园酒店 全国工程设计建筑银质奖 1993 年
北京国际金融大厦 詹天佑土木工程大奖 2002 年
浙江平湖梅兰苑 建设部优秀住宅小区（金奖）2005 年

吴启常 (1938—)

专业：炼铁工艺
职称：教授级高级工程师
大师评定时间：2000 年
单位：中冶京诚工程技术有限公司

参与的重大项目与获奖情况：

攀枝花钒钛磁铁矿高炉冶炼试验研究 获国家发明一等奖（集体）1979 年
上海宝山钢铁（集团）一号高炉大修工程全过程设计 评为国家级优秀工程设计金质奖 2000 年
唐钢扩建炼铁 1260m3 高炉工程全过程设计 国家优秀工程设计银质奖 1993 年
高炉冷却壁用高韧性铁素体基球墨铸铁及钢管防渗碳技术开发研究部级科技成果二等奖 1988 年

吴学敏 (1935—)

专业：工民建
职称：教授级高级工程师
大师评定时间：1994 年
单位：中国建筑设计研究院

参与的重大项目与获奖情况：

人民日报社工程 获国家建委优秀设计奖 1976 年
北京图书馆工程 获国家优质工程金奖、建设部全国优秀设计一等奖 1990 年
北京梅地亚中心 获国家优秀设计金奖 1994 年
全国政协办公楼 获建设部直属优秀设计一等奖 1998 年
解放军总医院 获建设部直属优秀设计二等奖 1998 年
外交部大楼 获国家优秀设计银奖 1999 年
北京天银大厦 获国家优秀设计铜奖 2001 年

张仁清 (1939—)

专业：指挥仪
职称：研究员级高级工程师
大师评定时间：2004 年
单位：中国五洲工程设计有限公司

参与的重大项目与获奖情况：

5124 厂整体项目设计 部级优秀工程设计一等奖 1991 年
5124 厂军品技术改造工程设计 国家级优秀工程设计银质奖 1991 年
207 所一期工程（移址建设） 部级优秀工程设计三等奖 1998 年
二一八厂中国兵器工业北京光电信息技术产业园项目可研报告 全国优秀工程咨询成果二等奖 2009 年

张开济 (1912—2006 年)

专业：建筑设计
职称：教授级高级工程师
大师评定时间：1990 年
单位：北京市建筑设计研究院

参与的重大项目与获奖情况：

上海中国银行大厦、重庆南渝中学校舍、“满园”高级住宅区、上海南京一批高级住宅、中央民族学校、“四部一会”办公楼群、国家博物馆（原中国革命博物馆和中国历史博物馆）、钓鱼台国宾馆、天安门观礼台、北京天文馆
第一届“梁思成建筑奖”

张庆槌 (1939—)

专业：战斗部设计
职称：研究员级高级工程师
大师评定时间：2000 年
单位：中国五洲工程设计有限公司

参与的重大项目与获奖情况：

5123 厂整体设计 国家级优秀工程设计银质奖 1987 年
建新机械厂整体工程设计 部级科技进步二等奖 1987 年
5123 厂危险品总仓库 国家级优秀工程设计铜质奖 1991 年
62 号产品卧式螺旋装药自动线 部级科技进步三等奖 1994 年
8148 工程 国家级优秀工程设计金质奖 1996 年
AFT09 工程（重型反坦克导弹系统）国家级优秀工程设计银质奖 2002 年

张志正 (1929—)

专业：通信工程

职称：教授级高级工程师

大师评定时间：1994 年

单位：中讯邮电咨询设计院有限公司

参与的重大项目与获奖情况：

主持完成北京市市话局总体规划、京汉广中同轴干线等多项国家重点项目

北京十万门程控电话扩容工程先后荣获国家优秀设计金奖、国家最佳工程设计特奖、大庆油田通信网工程荣获部优秀设计奖

张国霞 (1923—)

专业：岩土工程

职称：教授级高级工程师

大师评定时间：1990 年

单位：北京市勘察设计研究院

参与的重大项目与获奖情况：

昆仑饭店工程 全国优秀工程勘察金奖

北京国际文化交流中心 建设部优秀工程勘察一等奖

卫星地面站基础及大型动力基础的勘测设计获全国科学大会奖

北京地区的地震背景和典型结构地震影响的估计北京市科学技术委员会科学技术成果二等奖

张维岳 (1931—)

专业：工程结构

职称：研究员

职务：院顾问总工程师、原副院长

大师评定时间：2004 年

单位：中国建筑科学研究院

参与的重大项目与获奖情况：

负责完成 “ 城市综合防灾研究 ” 、 “ 超高层建筑结构抗震设计理论 ” 等国家级重大课题

负责完成浙江省体育馆、浙江黄龙体育中心、中央电视台彩电中心大楼、深圳国际贸易中心大厦等重大工程项目的复杂结构咨询、分析及专项设计

获全国科学大会奖 1978 年

获国家发明四等奖 1987 年

获国家科技进步二等奖 1990 年

获建设部科技进步二等奖 1989 年

获建设部科技进步一等奖 1999 年

获城乡建设环境保护部二等奖 1985 年

张博（出生年不详—1991 年）

专业：建筑设计

职称：教授级高级工程师

大师评定时间：1990 年

单位：北京市建筑设计研究院

参与的重大项目与获奖情况：

北京故宫古建筑测绘、北京新侨饭店、北京友谊医院、天桥剧场、友谊宾馆一期、亚洲学联疗养院、工业学院及总体布局、友谊宾馆礼堂、友谊宾馆俱乐部、文化局办公楼、水产部办公楼、自然博物馆、前门饭店、永安路试验小区、民族文化宫、人民大会堂、民族文化礼堂、民族饭店、民族文化宫俱乐部、科学会堂、北京饭店东楼、钓鱼台 18 号楼、龙华食品街、天桥百货商场、无隶唐塔、天伦王朝饭店、中直招待所、天安门广场及长安街规则、北京总体规划、北京住宅小区

李志方 (1919—)

专业：化学纤维
职称：教授级高级工程师
大师评定时间：1990 年
单位：中国昆仑工程公司 (中国纺织工业设计院)

参与的重大项目与获奖情况：

仪征化纤工业联合公司一期工程总体设计和涤纶一厂工程设计，获国家优秀设计金质奖
仪征化纤工业联合公司涤纶一厂聚酯车间及熔体夹套管道设计，获纺织工业部优秀设计一等奖
聚酯熔体夹套管道设计，获国家科技进步二等奖
仪征化纤工业联合公司一、二期工程荣获国家最佳工程设计特奖

李娥飞 (1933—)

专业：暖通空调
职称：教授级高级工程师
大师评定时间：1994 年
单位：中国建筑设计研究院

参与的重大项目与获奖情况：

乌兰巴托百货大楼 获蒙古政府奖 1960 年
北京火车站工程 获全国十大优秀建筑 1959 年
人民日报社工程 获国家建委优秀设计奖 1976 年
塞拉里昂政府大楼 获国家优秀设计银奖 1976 年
唐山百货大楼工程 获建设部优秀设计二等奖 1977 年
北京国际饭店工程 获国家优秀设计银奖、建设部全国优秀设计一等奖 1986 年
北京梅地亚中心 获国家优秀设计金奖 1990 年
全国政协办公楼 获建设部直属优秀设计一等奖 1994 年
解放军总医院 建设部直属优秀设计二等奖 1997 年
外交部大楼 获国家优秀设计银奖 1999 年

沈小克 (1957—)

专业：工业与民用建筑
职称：教授级高级工程师
大师评定时间：2004 年
单位：北京市勘察设计研究院

参与的重大项目与获奖情况：

国家级优秀工程奖
全国优秀工程勘察金奖：
中国国家大剧院岩土工程勘察、水文地质勘察场地渗流场及建筑设防水位分析与基础设计分析 2007 年
中关村科技大厦岩土工程勘察、设防水位分析与基础设计分析 2004 年
全国优秀工程勘察银奖：
北京 LG 大厦岩土工程勘察、设防水位分析与基础设计分析 2007 年
中关村西区地下综合管廊与地下空间开发项目岩土工程勘察与地基基础技术咨询 2004 年
杰宝购物中心岩土工程勘察 2002 年
北京东方广场地基基础设计分析与岩土工程勘察 2000 年

肖小兵 (1956—)

专业：木材加工
职称：教授级高级工程师
职务：总工程师
大师评定时间：2004 年
单位：国家林业局林产工业规划设计院

参与的重大项目与获奖情况：

三岔子林业局刨花板厂均质刨花板生产线技术改造项目 全国第十届优秀工程设计银质奖
大兴安岭林业集团公司西林吉林业局刨花板项目可行性研究报告 2008 年度全国优秀工程咨询成果二等奖
光明集团淮滨麦秸板有限公司麦秸刨花板项目可行性研究 全国优秀工程咨询成果二等奖
广西百色丰林人造板有限公司单板层积材项目可行性研究报告 2010 年度全国优秀工程咨询成果三等奖

邵厚坤（1929—）

专业：桥梁工程
职称：教授级高级工程师
大师评定时间：1990 年
单位：中国工程设计咨询集团有限公司（原铁道部专业设计院）

参与的重大项目与获奖情况：

负责我国第一孔后张法预应力混凝土铁路桥梁设计。参加我国第一座采用顶推法施工的 40 孔 40 米预应力混凝土连续梁的设计和施工。负责我国第一孔跨度 24 米无碴无枕预应力混凝土梁的设计试剖。参加预应力混凝土梁制造工艺三大革新（底授工艺、管道形成环销锚）项目的实验研究

全国劳动模范称号 1989 年
五一劳动奖章 1990 年
优秀铁路建设者称号 1987 年
首都劳动奖章获得者 1988 年
第二届詹天佑工程奖 1955 年

邹孝叔（1925—）

专业：转炉炼钢
职称：教授级高级工程师
大师评定时间：1994 年
单位：中冶京诚工程技术有限公司

参与的重大项目与获奖情况：

30t 氧气顶吹转炉 炼钢工以及成套设备设计　全国科学大会嘉奖 1977 年
本溪钢铁公司四项扩建工程设计——120t 吹氧气转炉炼钢项目　第一届国家设计优秀奖　1978 年
本溪钢铁（集团）公司 4 号转炉炼钢工程设计　部级优秀工程设计一等奖 2006 年

陆国杰（1967—）

专业：航空工艺规划设计
职称：研究员
大师评定时间：2010 年
单位：中航勘察设计研究院

参与的重大项目与获奖情况：

沈阳飞机公司某工程　全国第十届优秀工程设计项目金质奖　2002 年
603 所某型号研制条件建设工程项目　全国第十一届优秀工程设计项目银质奖 2006 年
沈飞某工程第一阶段配套项目　航空工业二集团公司科技进步奖一等奖　2003 年
陕飞 XX-1 工程　航空建设协会勘察设计一等奖　2008 年
上飞院综合试验室工程 航空建设协会勘察设计二等奖　2008 年

陈民三（1914—1993 年）

专业：土木工程
职称：教授级高级工程师
大师评定时间：1990 年
单位：中国中元国际工程公司

参与的重大项目与获奖情况：

20 世纪 50 年代在治淮工程中设计了高良涧节制闸、东淝河节制闸、江阴船闸闸门等
在上海电机厂旋转机厂房设计中采用上统弧形的门式框架结构
撰有《掺氯盐的钢筋混凝土结构的裂缝问题》等论文

陈雨孙 (1928—)

专业：工程地质
职称：研究员
大师评定时间：1990 年
单位：建设综合勘察研究设计院有限公司

参与的重大项目与获奖情况：

负责审定 801 工程、山东南墅、辽宁朝阳、山东石岛等水文地质勘察报告
地下水资源评价的原理和方法 建设部科技进步三等奖 1985 年
北京南洋饭店基坑降水项目 建设部优秀勘察三等奖 1989 年
《地下水运动及资源评价》全国优秀建筑科技图书部级一等奖 1990 年
《我国水资源的危机和出路》、《非稳定有限分析格式》、《中小型河谷中辐射井的计算公式》 中国建筑学会工程勘察学术委员会优秀论文一等奖 1991 年
《略论地下水资源的科学管理》 中国建筑学会工程勘察学术委员会优秀论文一等奖 1993 年

卓宝熙 (1934—)

专业：地质
职称：教授级高级工程师
大师评定时间：1994 年
单位：中铁工程设计咨询有限公司

参与的重大项目与获奖情况：

兰新线、成昆线、青藏线、西康线、朔黄线、南昆线、川渝东通道等约 30 余条铁路干线和多项国家重点工程项目。提出了“高原多年冻土地区工程地质分区方案”、“遥感综合评估隧道富水程度经验公式”等创新成果
1990 年荣获“铁路优秀知识分子”称号；1991 年被评为全国“讲理想，比贡献”先进个人、“北京科技之星”；2003 年获“第六届詹天佑铁道科学技术成就奖”

周国材（1940—）

专业：物理系
职称：教授级高级工程师
大师评定时间：1994 年
单位：中广电广播电影电视设计研究院

参与的重大项目与获奖情况：

III 波段电视天线和 FM 天线 部科技进步奖
米波三波段四偶极板电视天线 部级科技进步奖
30kW 分米波电视天线 部级科技进步一等奖
并馈式自立铁塔中波天线 部级科技进步二等奖
大功率宽频段短波同相水平天线 北京市科学技术奖
871 台西新工程 部级科技创新二等奖

周瑞明 (1933—)

专业：化学工程
职称：研究员级高级工程师
大师评定时间：1990 年
单位：中国五洲工程设计有限公司

参与的重大项目与获奖情况：

硝化甘油新工艺 国家发明二等奖 1965 年
65 式程序控制硝化甘油连续工艺 全国科学大会奖 1978 年
援罗马尼亚 R785 项目 部级设计方案奖 1981 年
惠大丝束项目 部级优秀工程设计一等奖 1998 年

林宗元(1929—2011 年)

专业：结构工程
职称：研究员级高级工程师
大师评定时间：1990 年
单位：中国五洲工程设计有限公司

参与的重大项目与获奖情况：

国务院授予有突出贡献的科技专家 1992 年

主持过国内外各类型、各种地层、各种地质环境条件、各种环境工程地质问题的大中型工程勘察项目一百多项。对红土、膨胀土等特殊性土有独特研究，在超高层建筑场地的岩土工程勘察、环境工程地质与环境岩土工程等方面有独创性见解。

曾获得国家级优秀工程勘察银质奖 2 项，部级优秀工程勘察奖或优秀论文奖 5 项

罗文德(1940—)

专业：化工、化纤
职称：教授级高级工程师
大师评定时间：2000 年
单位：中国昆仑工程公司(中国纺织工业设计院)

参与的重大项目与获奖情况：

仪征化纤联合公司聚酯熔体夹套管道设计技术开发，国家科技进步二等奖，1987 年

年产 20 万吨聚酯四釜流程工艺及装备研发，国家科技进步二等奖，2006 年

仪征化纤公司年产25万吨PTA装置增容技术改造，国家优秀工程设计金奖，2000 年

浙江华联三鑫石化公司年产60万吨PTA项目工程设计，国家优秀工程设计金奖，2006 年

百万吨级精对苯二甲酸(PTA)装置工艺技术及成套装备研发项目，中国纺织工业协会科技进步一等奖

聚酯生产控制技术开发与工程应用研究项目获中国石油和化工自动化应用协会科技进步一等奖

罗玲(1940—)

专业：道桥专业
职称：教授级高级工程师
大师评定时间：1994 年
单位：北京市市政工程设计研究总院

参与的重大项目与获奖情况：

“北京市四环路工程” 获全国第十届优秀工程设计项目金质奖 2002 年

“预应力钢与混凝土组合连续箱梁桥的设计” 获北京市科技进步二等奖 1996 年

“三车道公路隧道监控设计系统研究” 获北京市科技进步二等奖 1999 年

“城市桥梁抗震设计研究及已建桥梁抗震能力分析” 获北京市科技进步三等奖 2008 年

2008 年被评为北京市奥运工程规划勘察设计与测绘行业突出贡献顾问

国庆 50 周年庆祝活动筹备和组织工作中做出突出贡献，荣立一等功

罗继杰(1951—)

专业：建筑环境与设备暖通空调
职称：高级工程师
大师评定时间：2004 年
单位：空军工程设计研究局

参与的重大项目与获奖情况：

从事工程设计科研 30 余年，获全国、全军优秀设计二十余项，全国、全军科技进步奖 10 余项、获国家实用新型专利三项

发表学术论文 40 余篇、编写教材、手册多部

郁银泉（1962—）

专业：结构工程
职称：教授级高级工程师
大师评定时间：2010 年
单位：中国建筑标准设计研究院

参与的重大项目与获奖情况：

数字北京大厦 全国优秀工程勘察设计银质奖 2008 年
复兴路乙 59-1 号改造工程 全国优秀工程勘察设计行业奖建筑工程一等奖 2009 年
中国残疾人体育综合训练基地 全国优秀工程勘察设计行业奖建筑工程二等奖 2009 年
国家体育场大型柱脚—混凝土承台研究与应用 北京市科学技术奖二等奖

金孟申 (1931—)

专业：广播电视工程
职称：教授级高级工程师
大师评定时间：1990 年
单位：中广电广播电影电视设计研究院

参与的重大项目与获奖情况：

国庆工程人民大会党 / 天安门电视转播站工程设计施工调试 1958 年—1960 年
援几内亚十月二日大会堂扩声工程设计勘察 1965 年
超大型广播发身台 (6307 工程) 供电系统设计 1963 年—1965 年
中央彩电中心 (1992 年五届全国工程设计金奖) 1972 年—1988 年
CRI 中国国际广播中心 1990 年—1991 年
CNR 中央人民广播电台新业务楼 1991 年—1992 年
1991 年由广电部、人事部联合发布给予全国广电系统先进工作者称号
2002 年院授予建院 50 周年杰出人物奖
2004 年中国电子学会授予第 8 届广电科学技术奖

金效先 (1914—)

专业：日用玻璃
职称：教授级高级工程师
大师评定时间：1990 年
单位：中国中轻国际工程有限公司

参与的重大项目与获奖情况：

首次自行成功地设计了当时国内唯一的机械化玻璃瓶罐生产线，开创了我国机械化生产玻璃瓶罐的先河 1936 年
设计了我国第一座马蹄形火焰蓄热室池窑 1940 年—1945 年
主持研制、设计成我国第一条压制玻璃杯自动生产线
主持青岛晶华玻璃厂工程设计荣获首批国家级优秀设计奖 1981 年
主持设计的青岛晶华玻璃厂工程荣获首批国家级优秀设计奖 1981 年

娄宇 (1966—)

专业：结构工程
职称：研究员级高级工程师
职务：副院长兼总工程师
大师评定时间：2010 年
单位：中国电子工程设计院

参与的重大项目与获奖情况：

上海永新 (大屏幕) 技改项目，南京华飞飞龙 (大屏幕) 工程，北京国际金融中心，首都机场新塔台，北京银泰中心，中科院长春光机所研发大厦，上海广电 NEC 第五代 TFT-LCD 生产线工程，杭州士兰集成电路芯片生产线工程，北京京东方第五代 TFT-LCD 生产线工程，国家安全生产监督管理总局办公楼改造项目，北京北辰居住区 B5 区公建，2008 年北京奥运会媒体村，北京凤凰城三期，江苏江阴 “ 空中华西村 ” ，江苏无锡国家集成电路设计园，北京北大国际医院
全国优秀工程设计金质奖、银质奖、铜质奖，山东省科学技术科技进步二等奖，信息产业部电子工程优秀设计一等奖、二等奖、三等奖

施立成 (1934—)

专业：化学工程

职称：研究员级高级工程师

大师评定时间：1994 年

单位：中国五洲工程设计有限公司

参与的重大项目与获奖情况：

梯恩梯硝化、精制连续工艺　全国科学大会奖　1978 年

4 号高能单质炸药　全国科学大会奖　1978 年

九六二五厂乳化炸药生产线设计　部级优秀工程设计二等奖　1986 年

845 厂 8 号工程设计　国家级优秀工程设计金质奖　1991 年

375 厂 TNT 生产线安全技术改造　国家级优秀工程设计金质奖　1993 年

NP-110 项目　部级优秀工程设计一等奖　2004 年

204 所重弹推进剂项目　部级优秀工程设计一等奖　2004 年

柯长华 (1941—)

专业：建筑结构设计

职称：教授级高级工程师

大师评定时间：2006 年

单位：北京市建筑设计研究院

参与的重大项目与获奖情况：

2000 年获得北京市先进工作者称号

中国国际信托大厦　国家优秀设计二等奖　1988 年

中国职工之家　国家优秀工程设计银奖　1994 年

北京高等检察院　北京市优秀工程一等奖　1995 年

塔那那利佛体育馆　北京市优秀设计一等奖　1998 年

北京建材大厦　北京市优秀工程一等　1995 年

北京东方广场　第三届詹天佑土木工程大奖　2003 年

北京会议中心　全国优秀工程设计银质奖　2002 年

五洲大酒店改扩建工程　全国第三届建筑结构设计二等奖　2003 年

胡越

专业：建筑设计

职称：教授级高级工程师

大师评定时间：2006 年

单位：北京市建筑设计研究院

参与的重大项目与获奖情况：

荣获全国首届设计行业十大杰出青年称号　2006 年

获全国五一劳动奖章　2007 年

北京国际金融大厦　第二届詹天佑土木工程大奖（国家科技创新工程）：房建工程（工程大奖）2002 年

全国第九届优秀工程设计金奖　2000 年

秦皇岛体育馆　全国第十一届优秀工程设计银奖　2004 年

望京科技园二期　建设部部级优秀建筑工程设计一等奖　2005 年

奥运场馆设计大纲 北京市规划委员会科学技术奖：科研（一等奖）2003 年

五棵松篮球馆　第八届詹天佑土木工程大奖（国家科技创新工程）：房间工程（工程大奖）2008 年

胡庆昌 (1918—)

专业：建筑结构设计

职称：教授级高级工程师

大师评定时间：1994 年

单位：北京市建筑设计研究院

参与的重大项目与获奖情况：

专家招待所（友谊宾馆）、民族文化宫、民族饭店、昆仑饭店、首都速滑馆、国家奥林匹克中心

北京市有突出贡献的科学、技术、管理专家　1998 年

首都速滑馆　全国第六届优秀工程设计奖（铜质奖）1994 年

胡绍学 (1936—)

专业：建筑学
职称：教授
大师评定时间：2000 年
单位：清华大学建筑设计研究院有限公司

参与的重大项目与获奖情况：

国家大剧院实施方案设计
2008 北京奥运会主赛场入围方案设计
上海虹桥交通枢纽入围方案设计
外交部大楼方案设计
清华大学主楼前教学区建筑群设计（共 9 个楼）
北京华北大酒店设计
烟台市国宾馆设计
武钢博物馆设计
国家级优秀设计金奖一项、银奖两项
省部级优秀设计一等奖、二等奖共 15 项
建国 60 周年中国建筑学会建筑创作大奖三项

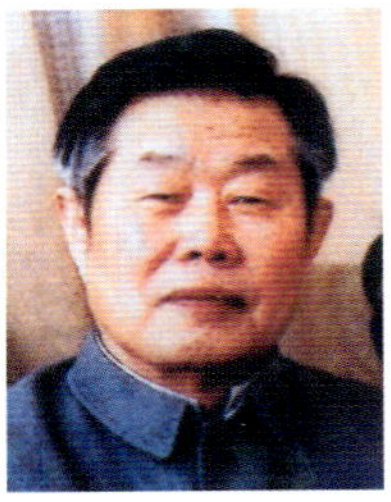

赵冬日 (1914—2005 年)

专业：建筑设计
职称：教授级高级工程师
大师评定时间：1990 年
单位：北京市建筑设计研究院

参与的重大项目与获奖情况：

人民大会堂、全国政协礼堂、中直礼堂、中国北京市委办公楼、投资招商大厦、北京伊斯兰教经学院、社会主义学院、实验大学及板式住宅、同仁医院、北京友谊医院、世纪村二区 6 号楼、天井式高层塔式住宅、北京和平里小区规划、北京军区股规划、北京市城区详细规则、北京东西主轴线规划、北京龙坛小区规划、北京金融街详细规划、徐向前元帅纪念碑
第一届 “ 梁思成建筑奖 ” 获得者
全国劳动模范称号 1959 年

赵冠谦 (1929—)

专业：建筑
职称：教授级高级工程师
大师评定时间：2000 年
单位：中国建筑设计研究院

参与的重大项目与获奖情况：

改善城市住宅建筑功能与质量研究 建设部科技进步三等奖 1990 年
中国城市小康住宅一设计通则研究 建设部科技进步三等奖 1995 年
全国民用建筑工程设计技术措施 建设部华夏建设科学技术一等奖 2004 年
马鞍形壳板屋面建筑构造设计 全国优秀工程标准设计铜奖 1999 年
湖州东白鱼潭小区 第九届全国优秀工程设计金奖 2000 年
南京聚福园小区 建设部全国绿色建筑创新二等奖 2005 年
民用建筑设计通则 建设部华夏建设科学技术二等奖 2006 年
全国科学大会先进工作者，1978 年；建设部劳动模范，1990 年

项勃 (1936—)

专业：水文地质 工程地质
职称：研究员级高级工程师
大师评定时间：2004 年
单位：中国五洲工程设计有限公司

参与的重大项目与获奖情况：

北京嘉里中心岩土工程勘察项目 国家优秀工程勘察铜奖
福建惠安核电厂 建设部优秀工程勘察一等奖
《工程地质手册》 部级科技进步二等奖

骆学聪

专业：物理系
职称：教授级高级工程师
大师评定时间：2000 年
单位：中广电广播电影电视设计研究院

参与的重大项目与获奖情况：

亚运北京工人体育场扩声系统改建　部级优秀工程设计二等奖
人民大会堂扩声系统改建工程　国家级优秀工程设计金奖、部级优秀工程设计一等奖
天安门广场改造工程（扩声系统）设计　部级优秀工程设计二等奖
北京音乐厅改造声学设计　部级科技进步二等奖

高士国（1939—）

专业：给水排水
职称：教授级高级工程师
大师评定时间：2004 年
单位：北京市市政工程设计研究总院

参与的重大项目与获奖情况：

第九水厂二、三期工程　中国土木工程詹天佑大奖
第九水厂二期工程　北京市科技进步二等奖
第九水厂三期工程　国家优秀工程金奖
深圳市笔架山水厂改扩建工程　国家优秀工程银奖
均质滤层过滤技术　建设部科技进步二等奖

徐松茂（1931—）

专业：通信工程
职称：教授级高级工程师
大师评定时间：1990 年
单位：中讯邮电咨询设计院有限公司

参与的重大项目与获奖情况：

1991 年全国政协八届委员
京沪杭中同轴电缆干线设计　20 世纪 70 年代国家优秀设计银奖
京汉广中同轴电缆干线设计　国家科技进步三等奖，国家优秀设计银奖宁汉渝数字传输光缆干线设计　国家优秀设计金奖，国家优质工程鲁班奖

柴裴义（1942—）

专业：建筑设计
职称：教授级高级工程师
大师评定时间：2004 年
单位：北京市建筑设计研究院

参与的重大项目与获奖情况：

荣获第四届梁思成建筑提名奖　2007 年
国际展览中心 2#–5#　国际优秀设计奖　1988 年
国家科技进步三等奖　1987 年
20 世纪 80 年代优秀建筑艺术奖第一名
中国职工之家　全国第六届优秀工程银奖　1994 年
孟中友好国际会议中心　建设部优秀工程设计奖一等奖　2003 年
全总职工之家二期改扩建　全国第十一届优秀工程设计奖银奖 2004 年
加蓬国民议会大厦　建设部优秀工程设计二等奖　2002 年
国际投资大厦建设部　优秀工程设计奖公共建筑一等奖　2005 年

聂运新（1919—卒年不详）

专业：机械工程设计
职称：教授级高级工程师
大师评定时间：1990 年
单位：中国中元国际工程公司

参与的重大项目与获奖情况：

原任机械电子工业部（现中国中元国际工程公司）设计研究院副总工程师。曾主持完成我国大型重机厂的设计，多次主持并参加我国重机行业发展规划的编制，他的代表性工程设计成果是 20 世纪 50 年代我国第一个自行设计建设的机械工业骨干企业太原重机厂和 20 世纪 70 年代初建成的我国重机行业中综合技术水平和生产等级最高的第二重机厂

袁炳麟 (1932—)

专业：岩土工程
职称：教授级高级工程师
大师评定时间：1994 年
单位：北京市勘察设计研究院

参与的重大项目与获奖情况：

昆仑饭店工程，全国优秀工程金质奖 1987 年
北京图书馆工程，全国优秀工程勘察银奖 1989 年
中日友好医院工程，全国优秀工程勘察银奖 1987 年
北京建国门外外交公寓 中日友好医院工程获国家优质工程银奖

郭孝礼 (1928—)

专业：制冷
职称：教授级高级工程师
职务：原副总工程师
大师评定时间：1994 年
单位：国内贸易工程设计研究院（原商业部设计院）

参与的重大项目与获奖情况：

1952 年、1953 年 河南军区军政干校 二等功两次
1984 年、1985 年、1986 年、1988 年商业部设计院级先进工作者
1985 年获全国商业劳动模范称号

顾宝和（1934—）

专业：工程地质
大师评定时间：2000 年
单位：建设综合勘察研究设计院有限公司

参与的重大项目与获奖情况：

中央彩电中心勘察与基础工程 国家优秀勘察银质奖 1986 年
丹东华能电厂地基处理 国家优秀勘察银质奖 1998 年
中国建筑技术政策 建设部科技进步一等奖 1987 年
岩土工程勘察规范 建设部科技进步二等奖 1997 年
场地地基耐震类型与震害效应 建设部科技进步二等奖 1998 年

崔愷 (1957—)

专业：建筑设计
职称：教授级高级工程师
大师评定时间：2000 年
单位：中国建筑设计研究院

参与的重大项目与获奖情况：

首都博物馆新馆、青藏铁路拉萨站站房、德胜科技大厦　全国工程勘察设计行业优秀工程二等奖　2008 年
殷墟博物馆　亚洲建筑师协会建筑奖金奖　2007 年—2008 年度
北京雅昌彩印天竺厂房综合楼　全国优秀工程设计奖银奖　2006 年
北京富凯大厦　全国第十一届优秀工程设计银奖
第四届“梁思成建筑奖”获得者
青藏铁路拉萨站站房　全国优秀工程勘察设计奖金奖　2008 年
首都博物馆　全国优秀工程勘察设计奖银奖　2008 年
北京金融街富凯大厦　全国第十一届优秀工程设计银奖
北京外国语大学逸夫教学楼　全国第十一届优秀工程设计银奖
北京雅昌彩印天竺厂房综合楼　全国优秀工程设计奖银奖　2006 年
河南安阳殷墟博物馆　亚洲建筑师协会杰出设计奖金奖

常士骠 (1934—)

专业：水文地质 工程地质
职称：研究员级高级工程师
大师评定时间：1990 年
单位：中国五洲工程设计有限公司

参与的重大项目与获奖情况：

国家科学大会个人奖 2 项　1978 年
国家科技进步三等奖一项　1985 年
国家优秀勘察工程金质奖一项、银质奖一项　1988 年
国家优秀勘察工程银质奖一项　1992 年

黄三荣 (1939—)

专业：通信工程
职称：教授级高级工程师
大师评定时间：2000 年
单位：中讯邮电咨询设计院有限公司

参与的重大项目与获奖情况：

主持完成京沪数字微波工程、国内卫星通信网首期和二期工程等多项国家重点项目
共荣获部省级以上科技进步、优秀设计等奖 38 项，其中京沪数字微波工程 、国内卫星通信网总体设计分别获得国家优秀设计银奖和铜奖

萧汉英 (1940—)

专业：水文地质 工程地质
职称：研究员级高级工程师
大师评定时间：2000 年
单位：中国五洲工程设计有限公司

参与的重大项目与获奖情况：

曾任中国地质学会岩溶地质专业委员会第三、四届委员 1989 年—1997 年
中国科技会堂专家委员会专家　1994 年—2000 年
北京地质学会水文地质工程地质专业委员会副主任委员 1995 年—2000 年
中国工程建设标准化协会工程勘测委员会委员　1993 年—现在
现任中国勘察设计协会工程勘察与岩土分会常务副秘书长
在承担技术工作中，先后获得全国优秀工程勘察银质奖、部级科技进步奖、部级优秀工程勘察奖、全国优秀质量管理奖等 12 项奖励

黄志仑

专业：工程地质
职称：研究员
大师评定时间：1990 年
单位：中航勘察设计研究院

参与的重大项目与获奖情况：（略）

黄运基 (1933—)

专业：制浆造纸
职称：教授级高级工程师
大师评定时间：2000 年
单位：中国中轻国际工程有限公司

参与的重大项目与获奖情况：

1964 年 8 月荣获越南民主共和国三级劳动勋章
1964 年 8 月荣获越南民主共和国友谊奖章
1964 年 10 月荣获轻工业部援外人员甲等奖
《碱回收设计参考资料》轻工业部业务建设奖 1983 年
黄运基同志主持的保定钞票纸厂 103 工程 中国人民银行优质设计工程一等奖 1990 年
黄运基同志主持的新疆博斯腾湖造纸厂 国家级优秀工程设计金质奖 1993 年

黄星元 (1938—)

专业：建筑学
职称：研究员级高级工程师
职务：原总工程师
大师评定时间：2000 年
单位：中国电子工程设计院

参与的重大项目与获奖情况：

海口彩虹大酒店、电子部科研大楼、北京海淀体育馆、大连软件大厦、大连信息中心、海口赛格喜来登国际大酒店、三亚山海天大酒店、海南广场、中国华录电子有限公司工程、上海永新彩色显像管有限公司工程、陕西彩色显像管厂等
国家优秀设计金质奖、银质奖，全国最佳工程设计特奖，国家科技进步二等奖、三等奖，机电部第二届优秀工程设计一等奖，中国建筑学会建筑创作奖，电子工业部优秀设计一等奖

黄锡璆 (1941—)

专业：建筑
职称：研究员级高级工程师
职务：公司首席总建筑师（医疗）
大师评定时间：2000 年
单位：中国中元国际工程公司

参与的重大项目与获奖情况：

佛山市第一人民医院 建设部部级城乡建设优秀勘察设计二等奖 第九届全国优秀工程设计铜奖
中国人民解放军总医院群体扩建工程 全国优秀工程勘察设计行业建筑工程二等奖 中国机械工业科学技术奖二等奖
卫生部北京医院老北楼重建工程 全国工程勘察设计行业优秀建筑工程设计一等奖 全国优秀工程设计铜奖
北京安贞医院外科楼 第九届机械工业优秀工程设计一等奖

龚德顺（1923—2007 年）

专业：建筑设计
职称：教授级高级工程师
大师评定时间：1990 年
单位：中国建筑设计研究院

参与的重大项目与获奖情况：

古巴吉隆滩胜利纪念碑 古巴政府奖
深圳华夏艺术中心 全国优秀工程金奖
建筑工程部办公楼 中国建筑学会创作奖

程懋堃（1930—）

专业：建筑结构设计
职称：教授级高级工程师
大师评定时间：2004 年
单位：北京市建筑设计研究院

参与的重大项目：

上海华东生化制品研究所、上海西门妇孺医院、北京新侨饭店、北京王府井百货大楼、机械部汽车局办公楼
北京市委党校、外交公寓、北京东郊各国驻华使馆、北京城近郊区中小学教育楼 50 栋、北京市储运公司仓库楼、
东风电视机厂、北京西苑饭店、北京市首都宾馆、北京新世纪饭店、北京西客站、首都机场 T2 航站楼

谢卫（1959—）

专业：工业电气 自动化
职称：研究员级高级工程师
职务：副总工程师兼信息中心主任
大师评定时间：2008 年
单位：中国电子工程设计院

参与的重大项目与获奖情况：

华越微电子有限公司集成电路前工序工程电气自控系统设计，“金宏工程”国家宏观经济管理信息系统一期工程设计，三峡工程后续工作综合管理能力建设规划编制，电子工业生产发展基金项目“电子工程信息集成应用系统”研发，国家“十一五”科技支撑计划项目“勘察设计企业信息化关键技术研究与应用”课题“勘察设计企业建筑工程设计图知识管理数据库系统”子项研发等
国家优秀工程设计金质奖、银质奖 2 项，电子工业部科学进步一等奖，电子工业部优秀工程设计一等奖，信息产业部优秀电子工程设计一等奖，主要设计完成的“北京新世界中心”项目荣获 20 世纪 90 年代北京市十大建筑奖

谢临深（1914—卒年不详）

专业：土木工程和冷库设计
职称：教授级高级工程师
职务：原副总工程师
大师评定时间：1990 年
单位：国内贸易工程设计研究院（原商业部设计院）

参与的重大项目与获奖情况：

组织和主持编制了 24 型 6000 吨、74 型 1500 吨等 8 种冷库定型设计技术
组织和主持编制了各工种常用的通用图、标准图、通用说明书、概算等额手册
济南万吨冷库设计 1978 年
重庆扩建一期 9000 吨冷库设计等 1981 年
多次获商业部设计院先进工作者称号
多次获全国优秀工程、优秀设计奖
多次获国家科技进步奖二等奖、三等奖
多次获商业部科技进步一等奖、二等奖
国家优秀规范三等奖、商业部二等奖等

韩志刚（1961—）

专业：通信工程
职称：教授级高级工程师
大师评定时间：2004 年
单位：中讯邮电咨询设计院有限公司

参与的重大项目与获奖情况：

全国移动汇接网扩容改造一期工程 国家优秀设计金奖
中国移动智能网二期工程设计 国家优秀设计银奖
全国智能网上海、武汉等十三城市工程 国家优秀设计铜奖
荣获多项全国优秀工程咨询成果奖、部省级科技进步奖、优秀工程设计奖等

韩国瑞（1960—）

专业：钢铁冶金
职称：教授级高级工程师
大师评定时间：2006 年
单位：中冶京诚工程技术有限公司

参与的重大项目与获奖情况：

天津钢管公司无缝钢管工程设计（国内设计部分） 建设部“中国建筑工程鲁班奖” 1994 年，国家优秀工程设计金质奖 1996 年
江阴兴澄特钢公司二期工程轧钢大、小棒生产线工程设计 部级优秀工程设计一等奖 2008 年
南京钢铁联合有限公司中厚板卷续建工程炼钢项目 国家级优秀工程总承包铜质奖 2009 年
宝钢集团上海浦东钢铁有限公司搬迁工程宽厚板轧机工程 部级优秀工程设计一等奖 2009 年
宝钢特钢高合金钢工程 部级优秀工程设计一等奖 2009 年
南京钢铁联合有限公司中厚板卷续建工程炼钢项目 国家级优秀工程总承包铜质奖 2009 年

熊明（1931—）

专业：建筑学，建筑设计与城市设计
职称：教授级高级工程师
大师评定时间：1990 年
单位：北京市建筑设计研究院

参与的重大项目与获奖情况：

北京市有突出贡献的科学、技术、管理专家 1988 年
北京工人体育馆 中国建筑学会优秀创作奖 1959 年
首都体育馆 全国第一届科技大会金奖 1966 年
中国银行总部 北京市优秀设计一等奖 1979 年
大学生体育馆 建设部优秀设计一等奖 1988 年
木樨园体育馆 建设部优秀设计一等奖 1988 年

2009年度全国优秀工程勘察设计行业奖

北京勘察设计行业获奖项目表

(2010年正式颁发)

工程勘察

一等奖		
1	国家体育场岩土工程勘察、水文地质勘察及基础设计分析咨询	北京市勘察设计研究院有限公司
2	北苑居住区一区105#、106#住宅楼及纯地下车库岩土工程勘察、复合地基、抗拔桩、与复合地基相结合的边坡支护工程	北京市勘察设计研究院有限公司
二等奖		
3	奥林匹克中心区多功能转播塔岩土工程勘察、场地渗流场及建筑设防水位分析与基础设计分析	北京市勘察设计研究院有限公司
4	北京地铁5号线工程勘察	北京城建勘测设计研究院有限责任公司
5	北京市危险废物无害化处理中心场地综合工程地质勘察	北京市勘察设计研究院有限公司
6	北京首都国际机场线工程东直门站岩土工程勘察与安全风险监控	北京城建勘测设计研究院有限责任公司
7	呼家楼商务居住综合区一期岩土工程勘察、设防水位分析与基础设计分析	北京市勘察设计研究院有限公司
8	中国生物技术学术中心土方、护坡工程	北京综建科技有限公司 建设综合勘察研究设计院有限公司
9	西门子(中国)有限公司总部办公楼	北京市勘察设计研究院有限公司
三等奖		
10	北京顺义规划新城前期区域工程地质勘察	北京市地质工程勘察院
11	首都机场第二通道岩土工程勘察、路基沉降分析、地基处理设计与路基检测	北京市勘察设计研究院有限公司
12	北京通州规划新城前期区域工程地质勘察	北京市地质工程勘察院
13	搜宝商务中心2#建筑等三项工程基坑护坡	北京爱地地质勘察基础工程公司
14	南水北调中线京石段应急供水工程(北京段)西四环暗涵工程	北京市水利规划设计研究院

工程测量

一 等 奖 （无）		
二 等 奖		
15	北京地铁 10 号线（含奥运支线）工程测量	北京城建勘测设计研究院有限责任公司
16	第二十九届奥运会铁人三项比赛场地十三陵水库大坝动态变形监测与预警分析	北京市水利规划设计研究院
17	海淀区城市部件普查及更新	北京市测绘设计研究院
三 等 奖		
18	京津城际轨道交通工程站前 I 标工程测量	北京中天路通工程勘测有限公司

建筑工程

一 等 奖		
19	多哥共和国总统府	北京市建筑设计研究院
20	凉山民族文化艺术中心	中国建筑设计研究院
21	奥林匹克公园下沉花园	北京市建筑设计研究院 中国建筑设计研究院 清华大学建筑设计研究院 北京齐欣国际建筑设计咨询有限公司 北京山川启示设计事务所
22	成都金沙遗址博物馆文物陈列馆	清华大学建筑设计研究院
23	复兴路乙 59-1 号改造工程	中国建筑设计研究院 中国建筑标准设计研究院
24	1933 老场坊保护性修缮工程 1# 楼 2# 楼	中国中元国际工程公司
25	甘肃省金昌市文化中心	北京清华安地建筑设计顾问有限责任公司
二 等 奖		
26	国家动物博物馆及中科院动物研究所科研实验楼、标本楼	中科院建筑设计研究院有限公司
27	辽宁五女山山城遗址博物馆	中国建筑设计研究院
28	中国人民解放军总医院群体扩建工程	中国中元国际工程公司
29	中国工程院综合办公楼	清华大学建筑设计研究院
30	中国第一商城 II 期	北京市建筑设计研究院
31	丹东市第一医院（一期主体工程）	清华大学建筑设计研究院

32	北京科技大学体育馆	清华大学建筑设计研究院
33	韩美林艺术博物馆	中国建筑设计研究院
34	合肥体育中心	北京市建筑设计研究院
35	第二实验小学	北京市建筑设计研究院
36	中关村西区地下空间开发（地下建筑）	北京城建设计研究总院有限责任公司
三等奖		
37	中国电信通信指挥楼、北京电信通信机房楼	中国建筑设计研究院
38	国家中影数字制作基地	中广电广播电影电视设计研究院
39	中奥马哥孛罗大酒店	北京市建筑设计研究院
40	青岛天人集团生态办公楼	清华大学建筑设计研究院
41	中国资源卫星应用中心 1 号科研业务楼	中国航空规划建设发展有限公司
42	国航综合业务楼一号楼	北京市建筑设计研究院
43	中关村 e 世界	北京市建筑设计研究院
44	八达岭景区西部停车场综合服务设施	中国建筑设计研究院
45	北京奥特莱斯购物广场（二期工程）	北京维拓时代建筑设计有限公司
46	陈嘉庚纪念馆	中国中元国际工程公司
47	北京大学公共教室楼	北京市住宅建筑设计研究院有限公司 北京别处空间建筑设计事务所
48	梅兰芳大剧院	中国中元国际工程公司
49	欢乐森林生态园室内剧场	总装备部工程设计研究总院
50	北大科技园创新中心	北京市建筑设计研究院
51	时代盛典	北京中外建建筑设计有限公司西北分公司
52	北京市大兴区文化中心	中国建筑设计研究院 中旭建筑设计有限责任公司
53	海南省博物馆	北京市建筑设计研究院
54	2008 年奥运会北京飞碟靶场	清华大学建筑设计研究院
55	北京地铁 5 号线雍和宫站（地下建筑）	北京城建设计研究总院有限责任公司
56	北京航空食品有限公司新配餐楼工程	中国航空规划建设发展有限公司
57	奥林匹克体育中心体育场改扩建	北京市建筑设计研究院
58	深圳市大剧院改造	北京市建筑设计研究院
59	北京朝阳医院改扩建一期工程门急诊及病房楼	中国中元国际工程公司

建筑工程（中外合作项目）

一等奖		
60	国家大剧院	北京市建筑设计研究院
61	北京首都国际机场 T3 航站楼	北京市建筑设计研究院
62	深圳文化中心	北京市建筑设计研究院
63	中央美院美术馆	北京新纪元建筑工程设计有限公司 中国建筑科学研究院
二等奖		
64	凯晨广场	北京市建筑设计研究院
65	金地国际花园 A 区	北京市建筑设计研究院
66	设计师广场	北京新纪元建筑工程设计有限公司
67	内蒙古乌兰浩特大剧院、博物馆	北京市建筑设计研究院
68	轻汽西厂区改造项目（主语国际中心）	中国建筑设计研究院
69	新世界商务中心	北京市建筑设计研究院
三等奖		
70	西环广场	中国建筑设计研究院
71	新中关	北京市建筑设计研究院
72	河南艺术中心	中国航空规划建设发展有限公司
73	新中国国际展览中心一期	北京市建筑设计研究院

住宅与住宅小区

一等奖		
74	宁波天合家园	中国建筑设计研究院　宁波市建筑设计研究院有限公司
75	武汉万科润园	中南建筑设计院股份有限公司　北京市建筑设计研究院
76	百旺 · 茉莉园	清华大学建筑设计研究院
二等奖		
77	北京世纪华侨城一期	北京市建筑设计研究院
78	望京新城 A1 区 A、B 组团	北京市建筑设计研究院
79	东岸国际	中国建筑设计研究院

市政公用工程

给排水和环境工程

一等奖		
80	小红门污水处理厂工程	北京市市政工程设计研究总院
81	东莞市第四水厂二期工程	北京市市政工程设计研究总院
二等奖		
82	北京市北小河污水处理厂改扩建及再生水利用工程	北京市市政工程设计研究总院
83	北京市清河污水处理厂再生水回用工程	北京市市政工程设计研究总院
三等奖		
84	萧山东片大型污水处理厂工程（一期）	北京国环清华环境工程设计研究院有限公司

道路和桥梁工程

一等奖		
85	北京南中轴大容量快速公交线路示范工程	北京市市政工程设计研究总院
86	奥运场馆交通组织运行设计	北京市市政工程设计研究总院
二等奖		
87	北京首都机场扩建工程市政配套工程	北京市市政工程设计研究总院
88	京承高速公路（高丽营—沙峪沟段）工程 (K21-K43)	北京国道通公路设计研究院
89	京津高速路公路第二通道（五环化工路立交—市界）工程	北京市市政工程设计研究总院
90	机场南线（京承高速—东六环）公路工程	北京市市政工程设计研究总院
91	京承高速公路（高丽营—沙峪沟段）工程 (K43—k68)	北京市市政工程设计研究总院
三等奖		
92	通惠河北路道路工程	北京市市政工程设计研究总院
93	北京市展西路道路工程	北京市市政工程设计研究总院
94	蓝靛厂南路（翠微路—北四环）工程	北京市市政工程设计研究总院
95	首都机场第二高速（机场南线—五环路）道路工程	北京市市政工程设计研究总院
96	北京通州玉带河东大街跨北运河道路及桥梁工程	北京市市政工程设计研究总院
97	北京奥林匹克森林公园桥梁工程	北京城建设计研究总院有限公司
98	京平高速公路（机场南线—市界）工程	北京国道通公路设计研究院
99	2007 年北京市疏堵工程	北京市市政专业设计院有限责任公司

轨道交通工程

一等奖		
100	北京地铁 5 号线工程	北京城建设计研究总院有限责任公司 中铁隧道勘测设计院有限公司 中铁第一勘察设计院集团有限公司 中铁第二勘察设计院集团有限公司 北京市市政工程设计研究总院
101	北京市轨道交通首都机场线工程	北京市市政工程设计研究总院 北京城建设计研究总院有限责任公司 北京电铁通信信号勘测设计院有限公司 中铁电气化勘测设计研究院有限公司 中铁隧道勘测设计院有限公司 中铁工程设计咨询集团有限公司
102	北京地铁 10 号线一期工程	北京城建设计研究总院有限责任公司 中铁第四勘察设计院集团有限公司 中铁隧道勘测设计院有限公司 中铁工程设计咨询集团有限公司 中铁第一勘察设计院集团有限公司
二等奖		
103	北京市轨道交通指挥中心工程	北京城建设计研究总院有限责任公司 北京全路通信信号研究设计院
三等奖		
104	伊朗德黑兰地铁 1 号线北延伸线工程	北京城建设计研究总院有限责任公司 中机中电设计研究院 北京全路通信信号研究设计院 同方股份有限公司同方泰德国际科技（北京）有限公司
105	北京地铁1、2号线AFC系统（自动售检票）土建改造工程	北京城建设计研究总院有限责任公司 总参工程兵第四设计研究院
106	重庆轻轨较新线一期工程牛角沱站	北京城建设计研究总院有限责任公司

热力燃气工程

一等奖		
107	承德市滦河电厂供热管网工程	北京市煤气热力工程设计院有限公司
108	北京市六环路天然气工程（一期）工程	北京市煤气热力工程设计院有限公司
二等奖		
109	北京京会花园酒店燃气冷热电三联供能源中心工程	北京市煤气热力工程设计院有限公司

三 等 奖		
110	哈尔滨市道里区集中供热工程	北京市煤气热力工程设计院有限公司 中国中元国际工程公司
111	南昌市红角洲新区、凤凰洲新区 LNG 储存气化站工程	北京市煤气热力工程设计院有限公司

园林与景观

一 等 奖		
112	中国国家大剧院环境绿化工程	北京市园林古建设计研究院 北京创新景观园林设计有限责任公司
二 等 奖（无）		
三 等 奖		
113	北京北苑公园	北京市园林古建设计研究院
114	北京 CBD 现代艺术中心公园	北京清华城市规划设计研究院
115	布达拉宫周边环境整治及宗角禄康公园改造设计	中国建筑设计研究院 拉萨市设计院

建筑工程标准设计

给排水和环境工程

一 等 奖		
116	民用建筑电气设计与施工（上、中、下）	中国建筑设计研究院 中国建筑标准设计研究院 中铁工程设计咨询集团有限公司 中国航空工业规划设计研究院 机械工业第一设计研究院 五洲工程设计研究院 全国工程建设标准设计强电专业专家委员 中国纺织工业设计院
117	玻璃采光顶	中国建筑标准设计研究院 建设部建筑制品与构配件产品标准化技术委员会
118	后张预应力混凝土结构施工图表示方法及构造详图	同济大学 中国建筑科学研究院
119	建筑防腐蚀构造	中国寰球工程公司 中国有色工程有限公司

二等奖		
120	钢结构施工图参数表示方法 制图规则和构造详图	中国建筑标准设计研究院
121	建筑隔声与吸声构造	中国建筑标准设计研究院
122	管道与设备绝热	中国建筑标准设计研究院 上海建筑设计研究院有限公司
123	双层幕墙	中国建筑标准设计研究院 北京中新方建筑科技研究中心 沈阳远大铝业工程有限公司
124	现浇混凝土空心楼盖	中国建筑科学研究院 同济大学
125	医疗建筑	中国建筑标准设计研究院 中国医院协会医院建筑分会 北京清水爱派建筑设计有限公司 北京北方天宇建筑装饰有限责任公司 苏州美瑞德建筑装饰有限责任公司 中国中元国际工程公司
126	通风管道沿程阻力计算选用表	空军工程设计研究局 中国建筑标准设计研究院
127	卫生设备同层排水安装	湖北省建筑标准设计研究院
128	外墙外保温建筑构造	吉林省建筑设计院有限责任公司
129	框架轻质填充墙构造图集	中国建筑西南设计研究院有限公司
三等奖		
130	钢结构住宅	中国建筑标准设计研究院 住房和城乡建设部住宅产业化促进中心 住房和城乡建设部科技发展促进中心
131	桩基承台	中国建筑标准设计研究院 中国建筑设计研究院
132	机械式汽车库建筑构造	中国建筑标准设计研究院 中国重型机械工业协会停车设备工作委员会
133	通风天窗	中国建筑标准设计研究院 中钢集团工程设计研究院
134	轻型屋面梯形钢屋架（圆钢管、方钢管）	北京筑通建筑勘察设计院有限公司
135	未增塑聚氯乙烯(PVC-U)塑料门窗	中国建筑金属结构协会 中国建筑标准设计研究院 北京天鸿圆方建筑设计有限责任公司
136	混凝土结构施工图平面整体表示方法制图规则和构造详图(箱形基础和地下室结构)	中国建筑标准设计研究院
137	混凝土小型空心砌块墙体建筑构造	总参三部设计研究所

138	百叶窗	中冶京诚工程技术有限公司 中国建筑标准设计研究院
139	预制混凝土外墙挂板	中国建筑标准设计研究院 北京榆构有限公司

工程勘察设计计算机软件

一等奖（无）		
二等奖		
140	中国民航机场建设集团公司管理信息系统	中国民航机场建设集团公司 北京理正软件设计研究院有限公司
141	多层及高层空间结构一体化设计系统 TUS	清华大学建筑设计研究院
142	万选通专业选型平台	北京万选通网络技术有限公司
三等奖（无）		

建筑结构专业

一等奖（无）		
二等奖		
143	国家奥林匹克体育中心体育场改扩建	北京市建筑设计研究院
144	新疆体育场	北京市建筑设计研究院
145	奥林匹克多功能演播塔	中国建筑设计研究院
三等奖		
146	北京通惠家园（通惠家园层间隔震结构设计）	北京城建设计研究总院
147	凉山民族文化艺术中心	中国建筑设计研究院

建筑结构专业（中外合作项目）

一等奖		
148	国家游泳中心	中建国际设计顾问有限公司
149	北京金地中心	北京市建筑设计研究院
150	国家体育场	中国建筑设计研究院
二等奖		
151	北京首都国际机场三号航站楼 -GTC	北京市建筑设计研究院

三等奖		
152	金融街 F3 大厦（光大银行）B 楼及中庭结构设计	中国建筑设计研究院 清华大学土木工程系
153	中国电影博物馆	北京市建筑设计研究院

智能化建筑专业

一等奖		
154	公安部办公楼建筑智能化设计	中广电广播电影电视设计研究院
155	广州新白云国际机场航站楼弱电系统设计	中国电子工程设计院
156	国家体育场（鸟巢）	中国建筑设计研究院
二等奖		
157	北京市轨道交通路网管理服务中心弱电系统工程	北京捷通机房设备工程有限公司
158	中国石化科研和办公用房智能化及 IT 机房工程	中国建筑设计研究院
159	北京银泰中心安全防范系统工程	北京中加集成智能系统工程有限公司
160	联想园区 C 座	北京市建筑设计研究院
161	天津赛顿大厦楼宇自动化控制系统	北京恒业世纪科技股份有限公司
162	中交大厦弱电系统工程	北京瑞拓电子技术发展有限公司
三等奖		
163	远洋 · 光华国际弱电工程	北京瑞拓电子技术发展有限公司
164	首都国际机场公安分局指挥大楼	中国航空规划建设有限公司
165	深圳华润中心一期智能化系统工程	北京北黄自动化设备安装有限公司
166	天津空港物流加工区金融中心	北京恒业世纪科技股份有限公司

建筑环境与设备专业

一等奖		
167	北京首都国际机场 T3 航站楼	北京市建筑设计研究院
168	空军营区既有建筑节能改造工程	空军工程设计研究局
二等奖		
169	国家体育场	中国建筑设计研究院
170	奥林匹克（B 区）国家会议中心	北京市建筑设计研究院

首都第十七届
城市规划建筑设计方案汇报展
获奖名单

最佳组织奖

01 华通设计顾问工程有限公司
02 清华大学建筑设计研究院
03 中国建筑设计研究院
04 中国电子工程设计院
05 北京维拓时代建筑设计有限公司
06 中冶京诚工程技术有限公司
07 北京土人景观与建筑规划设计研究院
08 总装备部工程设计研究总院
09 国内贸易工程设计研究院
10 中国中元国际工程公司
11 北京城建设计研究总院有限责任公司
12 中国航空规划建设发展有限公司
13 北京市建筑设计研究院
14 北京市热力工程设计公司
15 北京市市政工程设计研究总院

公共建筑 优秀方案奖

序号	项目名称	设计单位
1	广联达信息大厦	华通设计顾问工程有限公司
2	北京中央音乐学院音乐厅综合项目	华通设计顾问工程有限公司
3	世贸·工三广场	华通设计顾问工程有限公司
4	菜市口 220kV 输变电工程及附属设施工程，电力科技馆	清华大学建筑设计研究院
5	北京科技大学国家科学中心	清华大学建筑设计研究院
6	宣武区棉花片危改	清华大学建筑设计研究院
7	中国人民大学国学馆设计方案	北京中天元工程设计有限责任公司
8	吉安文化艺术中心	北京建院约翰马丁国际建筑设计有限公司
9	晋国博物馆建设工程总体方案	北京建院约翰马丁国际建筑设计有限公司
10	西安世界园艺博览会标志性建筑	北京建院约翰马丁国际建筑设计有限公司
11	北京工业大学第四教学楼、实验楼、教学科研楼、艺术设计中心	中国建筑设计研究院
12	中国农业银行北方数据中心方案设计	中国建筑设计研究院
13	北京市奥林匹克公园北区网球中心	中国建筑设计研究院
14	国家体育总局冬季运动中心综合训练馆项目	中国建筑设计研究院
15	唐山曹妃甸生态节能展示中心	中国建筑设计研究院
16	什邡市八角镇中心小学设计	中国建筑设计研究院
17	北京三十五中学迁建项目	中国建筑设计研究院
18	北京第一师范学校附属小学新建工程	北京天鸿元方建筑设计有限责任公司
19	山东海洋亚沙会开幕式场地建筑设计项目	北京天鸿元方建筑设计有限责任公司
20	北京银泰中心	中国电子工程设计院
21	北大国际医院	中国电子工程设计院
22	中国科技院 LAMOST 天文望远镜工程	中科院建筑设计研究公司
23	葫芦岛体育中心（辽宁）	北京维拓时代建筑设计有限公司
24	豆各庄商品交易中心（北京）	北京维拓时代建筑设计有限公司
25	北京大学艺术学院与科技研究院	中国中元国际工程公司
26	大同煤气化总公司工业遗产改造	中国中元国际工程公司
27	全国人大机关办公楼	北京市建筑设计研究院
28	凤凰国际传媒中心	北京市建筑设计研究院
29	郑州中国粮食博物馆	北京市建筑设计研究院
30	重庆国际马戏城	北京市建筑设计研究院
31	南宁吴圩国际机场新航站区航站楼工程	北京市建筑设计研究院
32	郑州市商都遗址博物院	北京市建筑设计研究院
33	成都百花潭酒店	北京市建筑设计研究院
34	中国科技院地理科学与资源研究所地理科学馆	北京市建筑设计研究院
35	北京大栅栏西街保护整治复兴规划设计	北京市建筑设计研究院

广联达信息大厦

设计单位：华通设计顾问工程有限公司
地址：北京市海淀区中关村软件园二期
面积：1 0000m^2
总建筑面积：29 000m^2
开发商：广联达软件科技股份有限公司

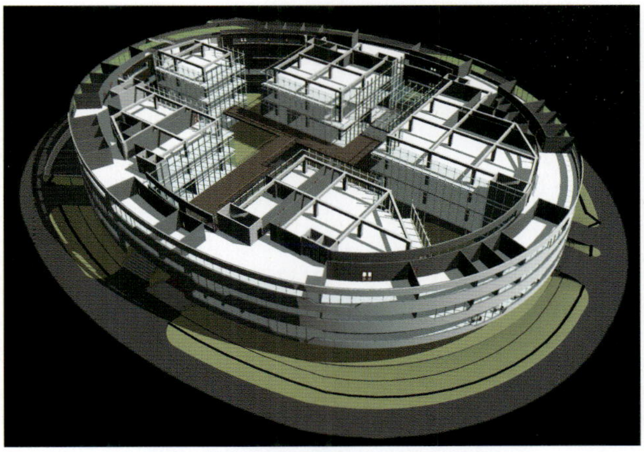

北京中央音乐学院音乐厅综合项目

设计单位：华通设计顾问工程有限公司
地址：北京市西城区闹市口南街
面积：8 493m^2
总建筑面积：48 000m^2
开发商：中央音乐学院

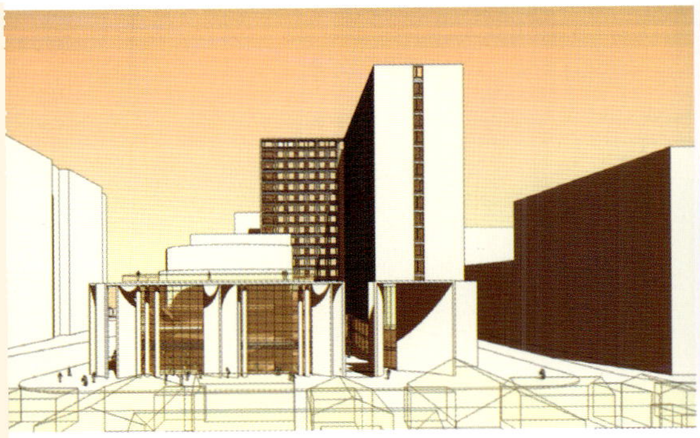

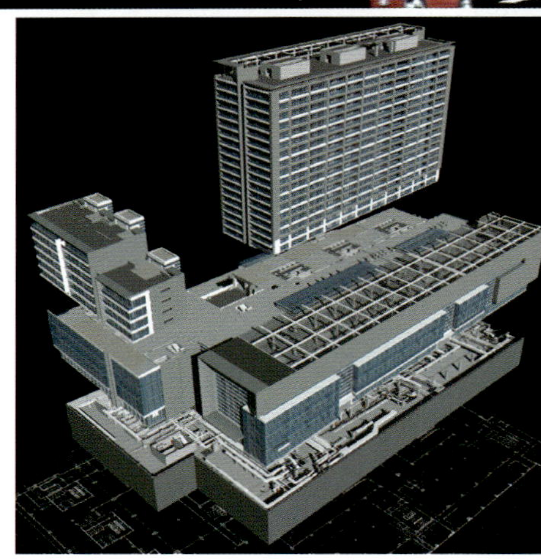

世茂 · 工三广场

设计单位：华通设计顾问工程有限公司
地址：北京市朝阳区三里屯工体北侧
面积：29 000m^2
总建筑面积：210 000m^2, 一期 169 000m^2
开发商：世茂集团

菜市口 220kV 输变电工程及附属设施工程，电力科技馆

设计单位：清华大学建筑设计研究院
面积：7 478.571m^2
总建筑面积：46 267m^2
地上建筑面积：25 070m^2(地上 12 层)
地下建筑面积：21 197m^2(包括变电站 13 329m^2)
容积率：3.35
绿化率：23%

北京科技大学国家科学中心

设计单位：清华大学建筑设计研究院
建设用地面积：133 596m^2
总建筑面积：124 080m^2
建筑密度：29.8%
容积率：0.8

宣武区棉花片危改

设计单位：清华大学建筑设计研究院
总用地面积：14 650m^2
总建筑面积：90 558m^2
地上建筑面积：74 693m^2
地上办公：44 805m^2
地上商业：27 688m^2

中国人民大学国学馆设计方案

设计单位：北京中天元工程设计有限责任公司
总用地面积：11 500m^2
总建筑面积：28 516.91m^2
地上建筑面积：12 575m^2
地下建筑面积：15 941.45m^2
容积率：1.1

吉安文化艺术中心

设计单位：北京建院约翰马丁国际建筑设计有限公司

晋国博物馆建设工程总体方案

设计单位：北京建院约翰马丁国际建筑设计有限公司

西安世界园艺博览会标志性建筑

设计单位：北京建院约翰马丁国际建筑设计有限公司

北京工业大学第四教学楼、实验楼、教学科研楼、艺术设计中心

设计单位：中国建筑设计研究院

总用地面积：44 776m²

总建筑面积：154 290m²

中国农业银行北方数据中心方案设计

设计单位：中国建筑设计研究院

总用地面积：129 300m²

地上建筑面积：134 000m²

地下建筑面积：113 000m²

北京市奥林匹克公园北区网球中心

设计单位：中国建筑设计研究院

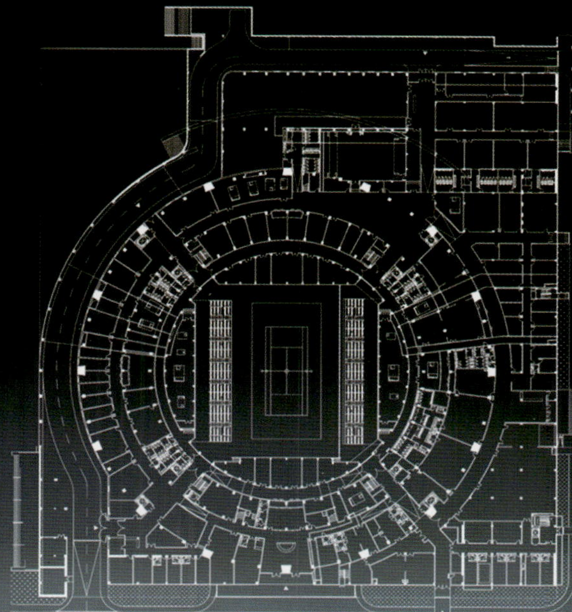

国家体育总局冬季运动中心综合训练馆项目

设计单位：中国建筑设计研究院

书店示意

顶层观景空间示意

唐山曹妃甸生态节能展示中心

设计单位：中国建筑设计研究院

什邡市八角镇中心小学设计

设计单位：中国建筑设计研究院

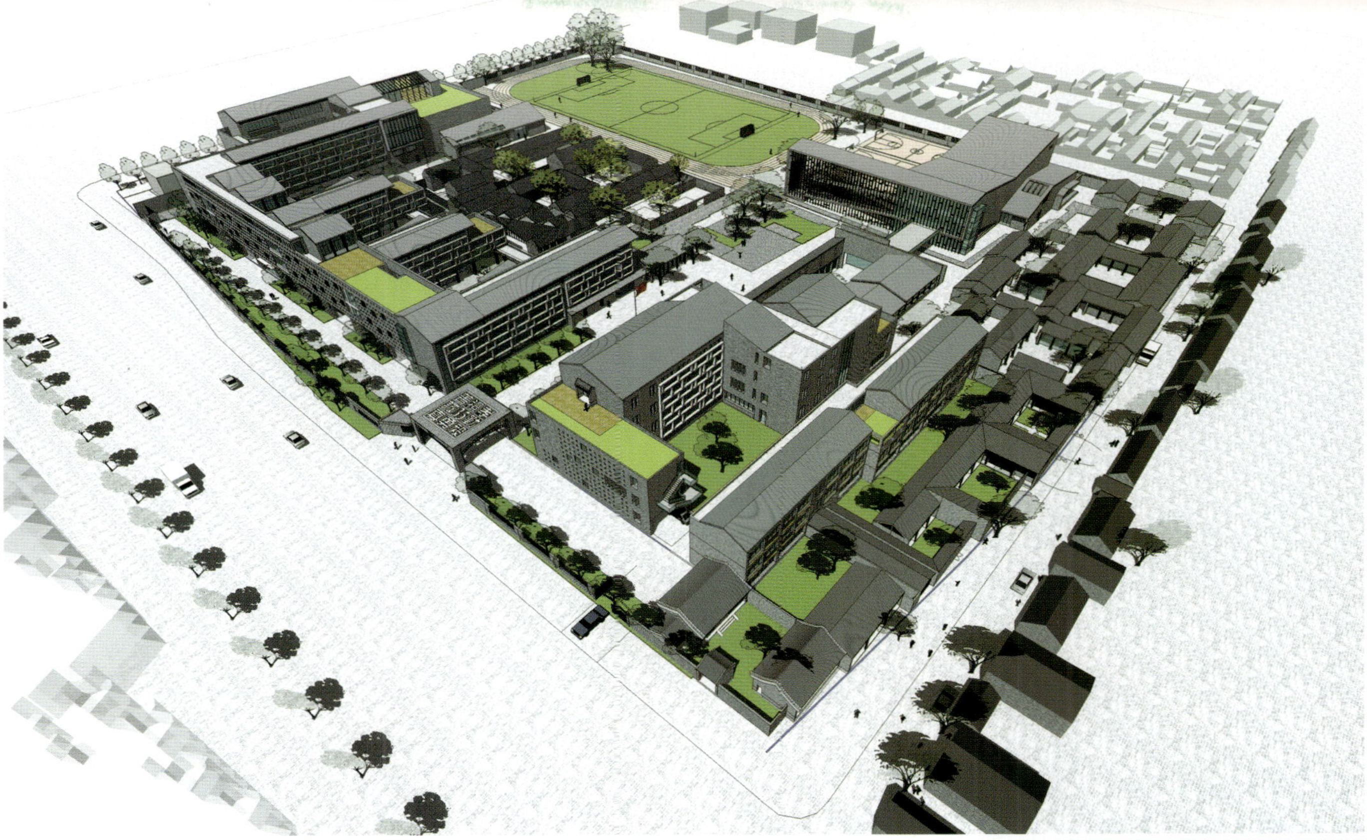

北京三十五中学迁建项目

设计单位：中国建筑设计研究院

北京第一师范学校附属小学新建工程

设计单位：北京天鸿元方建筑设计有限责任公司

山东海洋亚沙会开幕式场地建筑设计项目

设计单位：北京天鸿元方建筑设计有限责任公司

北京银泰中心

设计单位：中国电子工程设计院
地址：北京中央商务区
总建筑面积：360 000m^2
地上建筑面积：278 000m^2
地下建筑面积：86 000m^2
建筑总高度：250m/186m
建筑层数：63/44

北大国际医院

设计单位：中国电子工程设计院
地址：中关村国际工程生命医疗园
总建筑面积：424 600m^2
建筑高度：48m

中国科技院 LAMOST 天文望远镜工程

设计单位：中科院建筑设计研究公司
地址：河北兴隆国家天文台观测基地
建筑面积：3 900m^2

葫芦岛体育中心（辽宁）

设计单位：北京维拓时代建筑设计有限公司
建设用地面积：105 400m²
南北长：257m　东西宽：456m　高差：2.2m

豆各庄商品交易中心（北京）

设计单位：北京维拓时代建筑设计有限公司
占地面积：137 966.455m²
建设用地面积：116 723.355m²
总建筑面积：157 110m²
地上建筑面积：140 000m²
地下建筑面积：17 110m²　容积率：1.2
建筑高度：24 m

北京大学艺术学院与科技研究院

设计单位：中国中元国际工程公司
地址：北京大学
建筑面积：33 210m^2

大同煤气化总公司工业遗产改造

设计单位：中国中元国际工程公司

全国人大机关办公楼

设计单位：北京市建筑设计研究院
建设用地面积：25 212.13m^2
总建筑面积：83 000m^2
建筑高度：28.8m

凤凰国际传媒中心

设计单位：北京市建筑设计研究院

郑州中国粮食博物馆

设计单位：北京市建筑设计研究院

重庆国际马戏城

设计单位：北京市建筑设计研究院

南宁吴圩国际机场新航站区航站楼工程

设计单位：北京市建筑设计研究院

郑州市商都遗址博物院

设计单位：北京市建筑设计研究院

成都百花潭酒店

设计单位：北京市建筑设计研究院

中国科技院地理科学与资源研究所地理科学馆

设计单位：北京市建筑设计研究院

北京大栅栏西街保护整治复兴规划设计

设计单位：北京市建筑设计研究院

住宅与居住区 优秀方案奖

序号	项目名称	设计单位
1	钓鱼台七号院	清华大学建筑设计研究院
2	领秀 · 新硅谷居住区设计方案	北京中天元工程设计有限责任公司
3	广华新城	北京远瞻都市建筑工程设计事务所
4	北京皇城根住宅项目	中国建筑设计研究院
5	北京雅世 · 合金公寓	中国建筑设计研究院
6	天津泰达汉郡豪庭	北京梁开建筑设计事务所
7	天津津澜厥公寓（天津）	北京维拓时代建筑设计有限公司
8	红玺台	北京维拓时代建筑设计有限公司
9	昌平区北七家镇公共租赁住房项目	北京市建筑设计研究院
10	太湖明珠度假村改造项目规划方案设计	北京市建筑设计研究院

钓鱼台七号院

设计单位：清华大学建筑设计研究院
总建筑用地面积：16 666m^2
总建筑面积：73 268.4m^2
地上建筑面积：43 000m^2
地下建筑面积：30 268.4m^2
居住人口：308 人
居住总户数：110 户
绿地率：30.3% 人防
建筑面积：2 558m^2

领秀 · 新硅谷居住区设计方案

设计单位：北京中天元工程设计有限责任公司
总建筑用地面积：343 107.7m^2
总建筑面积：469 797m^2
地上建筑面积：388 610m^2
地下建筑面积：81 181m^2
建筑高度：10~45m

沿街夜景透视

广华新城

设计单位：北京远骥都市建筑工程设计事务所

北京皇城根住宅项目

设计单位：中国建筑设计研究院
总建筑用地面积：13 603.8m^2
总建筑面积：10 514.6m^2（地上）
总户数：18 户
容积率：1.12
建筑密度：40.7%
绿地率：20%

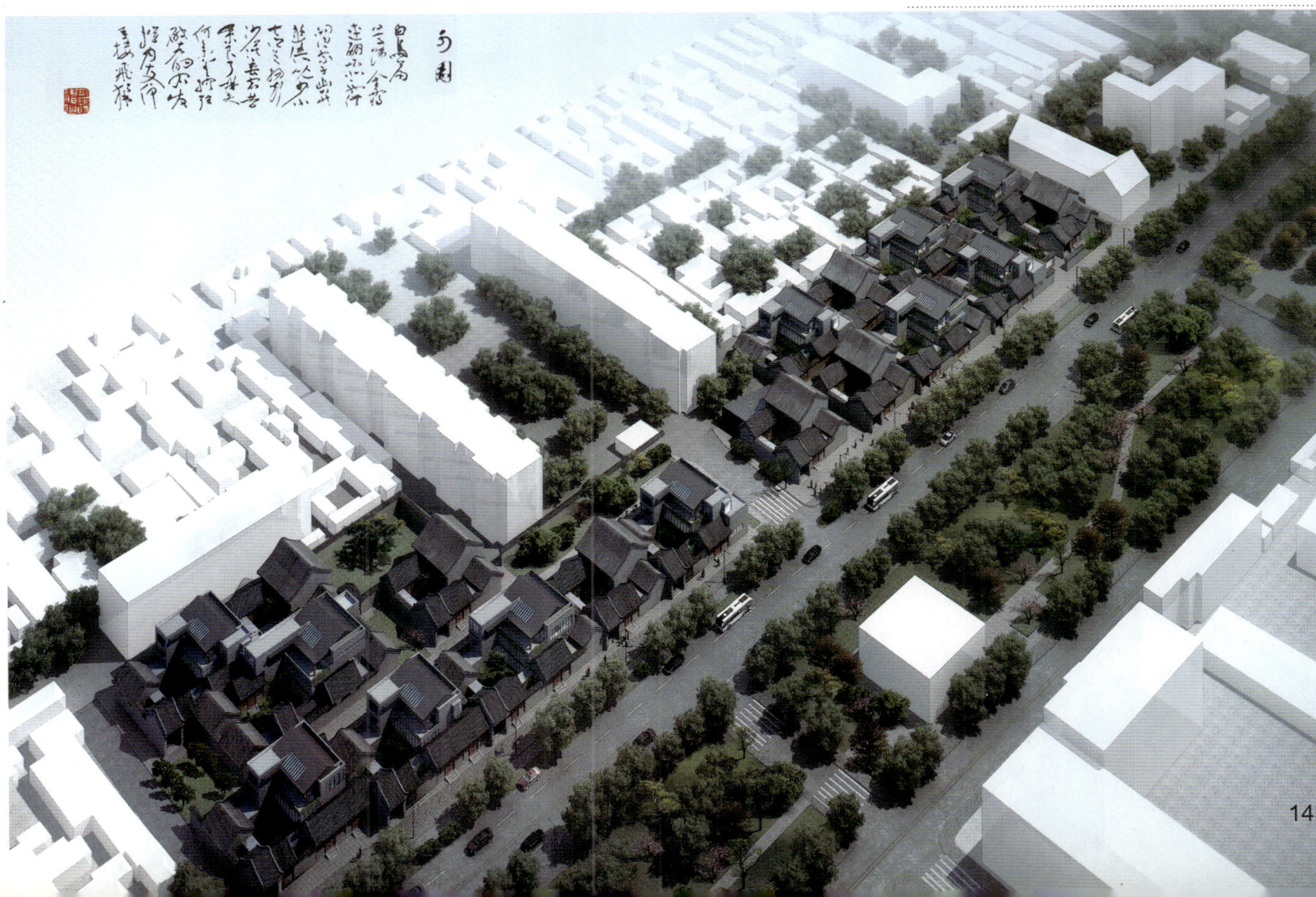

北京雅世 · 合金公寓

设计单位：中国建筑设计研究院

天津泰达汉郡豪庭

设计单位：北京梁开建筑设计事务所

天津津澜厥公寓（天津）

设计单位：北京维拓时代建筑设计有限公司

红玺台

设计单位：北京维拓时代建筑设计有限公司

昌平区北七家镇公共租赁住房项目

设计单位：北京市建筑设计研究院

太湖明珠度假村改造项目规划方案设计

设计单位：北京市建筑设计研究院

城市规划 优秀方案奖

序号	项目名称	设计单位
1	北京大栅栏商业街环境整治规划设计	华通设计顾问工程有限公司
2	昌平新城东部新区商务中心区城市设计	北京土人景观与建筑规划设计研究院
3	中国曹妃甸国际生态城控制性详细规划	中国建筑设计研究院
4	永定河绿色生态发展带规划设计	北京市水利规划设计研究院
5	河南省委党校规划	北京建院约翰马丁国际建筑设计有限公司
6	北京市顺义中心区城市设计	亚泰都会城市规划设计研究院

北京大栅栏商业街环境整治规划设计

设计单位：华通设计顾问工程有限公司

昌平新城东部新区商务中心区城市设计

设计单位：北京土人景观与建筑规划设计研究院

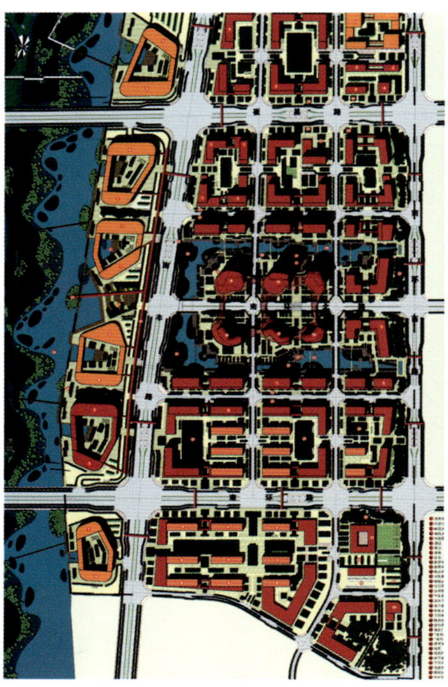

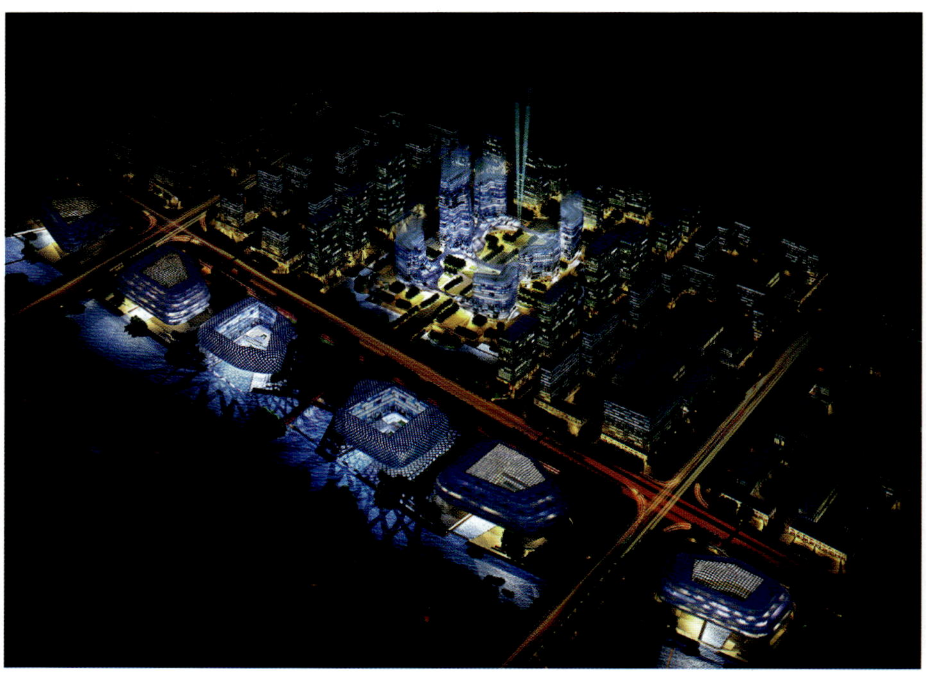

中国曹妃甸国际生态城控制性详细规划

设计单位：中国建筑设计研究院

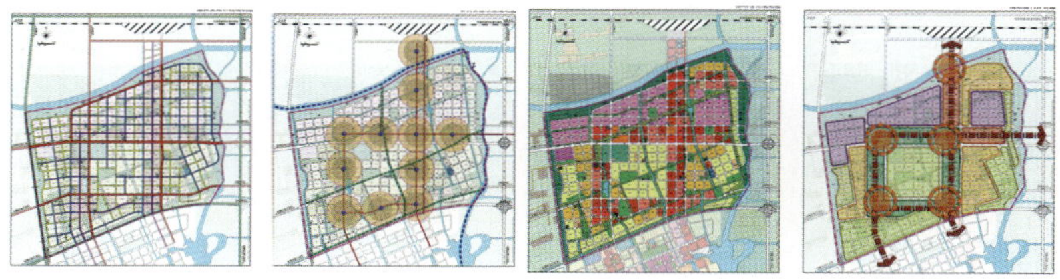

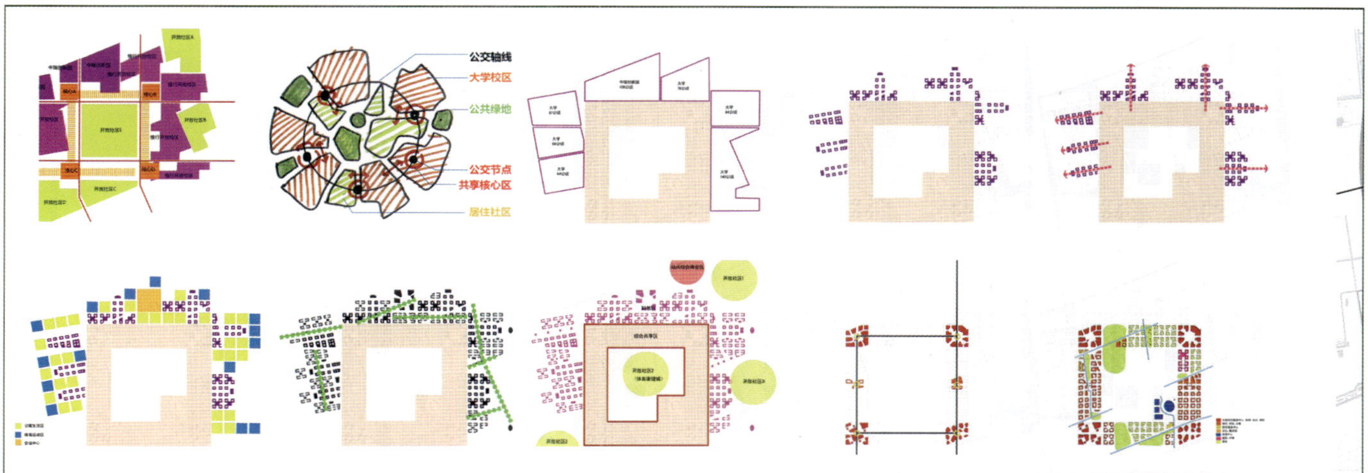

永定河绿色生态发展带规划设计

设计单位：北京市水利规划设计研究院

河南省委党校规划

设计单位：北京建院约翰马丁国际建筑设计有限公司

北京市顺义中心区城市设计

设计单位：亚泰都会城市规划设计研究院

市政设施 优秀方案奖

序号	项目名称	设计单位
1	长安街西延永定河大桥桥梁方案一	北京市市政专业设计院有限责任公司
2	地铁大兴县沿线绿化带及站点广场景观设计	北京土人景观与建筑规划设计研究院
3	左家庄供热厂蓄热罐工程	北京市热力工程设计公司
4	北京市北苑综合交通枢纽及大型公交停车场工程	北京市市政工程设计研究总院
5	北京地铁 9 号线工程六里桥站	北京市市政工程设计研究总院
6	北京地铁 4 号线国家图书馆站	北京市市政工程设计研究总院

长安街西延永定河大桥桥梁方案一

设计单位：北京市市政专业设计院有限责任公司

地铁大兴县沿线绿化带及站点广场景观设计

设计单位：北京土人景观与建筑规划设计研究院

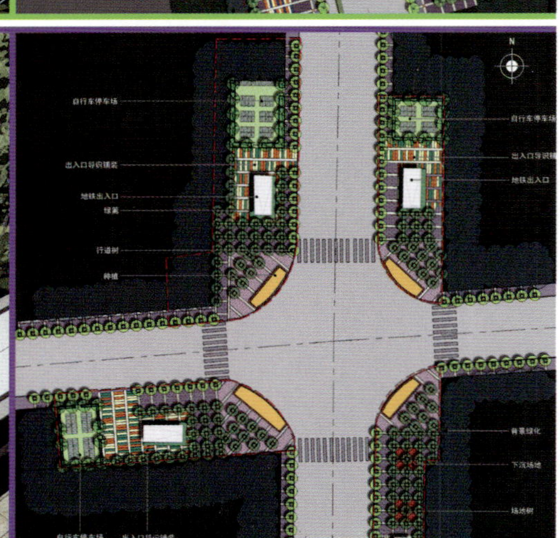

左家庄供热厂蓄热罐工程

设计单位：北京市热力工程设计公司

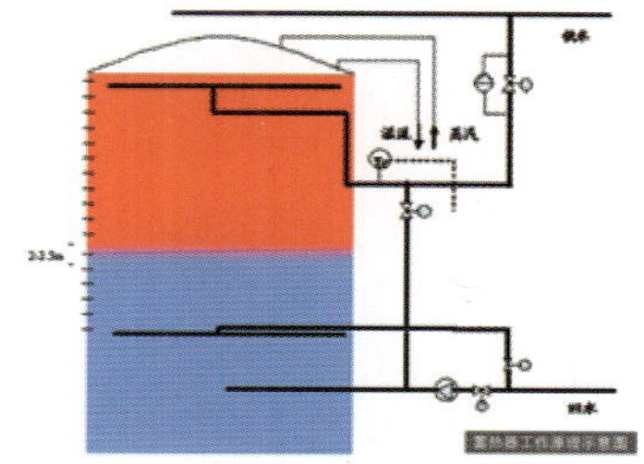

蓄热器工作原理示意图

蓄热罐全貌

北京市北苑综合交通枢纽及大型公交停车场工程

设计单位：北京市市政工程设计研究总院

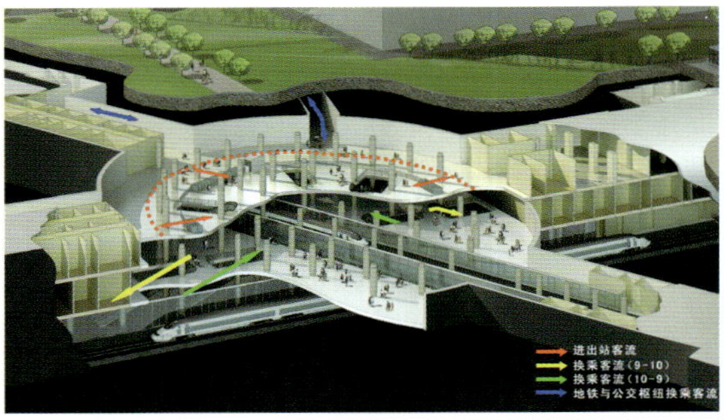

北京地铁 9 号线工程六里桥站

设计单位：北京市市政工程设计研究总院

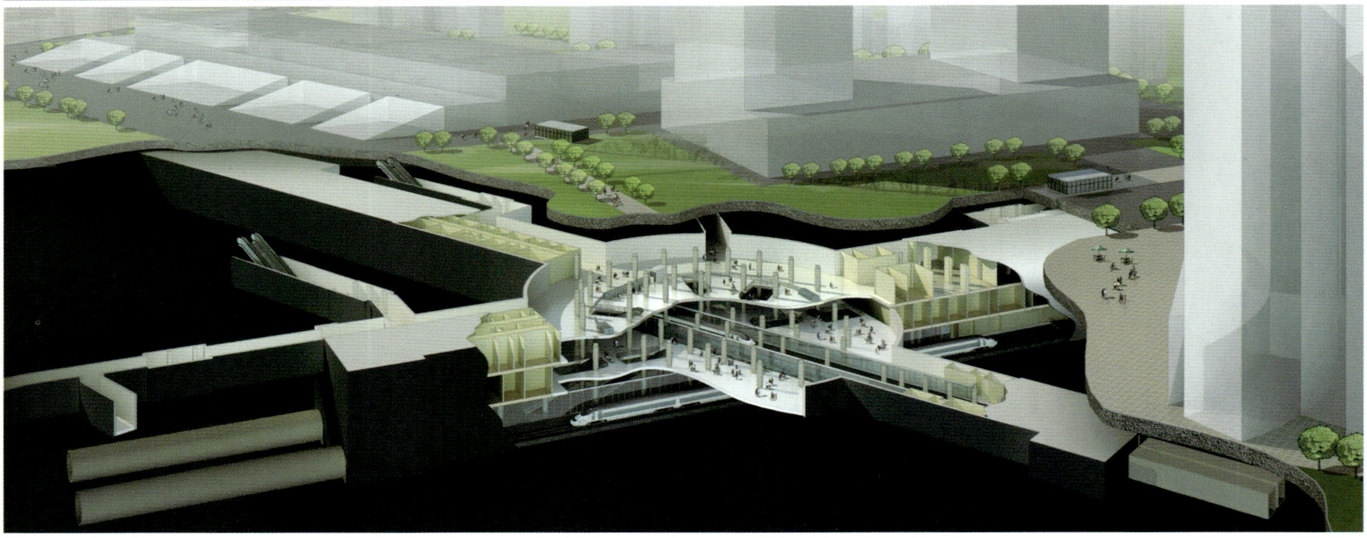

北京地铁 4 号线国家图书馆站

设计单位：北京市市政工程设计研究总院

重点企业作品介绍

ZHONGDIAN QIYE ZUOPIN JIESHAO

CCDI 中建国际设计顾问有限公司

大梅沙 万科中心

设计单位：中建国际设计顾问有限公司

项目地点：深圳市盐田区大梅沙旅游度假区

建筑面积：137 000m²

合作单位：Steven Holl Architects, Transslor, Arup

广渠路15号（金茂府）

设计单位：中建国际设计顾问有限公司

项目地点：北京市朝阳区广渠路外

总建筑面积：359 056m²

哈尔滨西站综合体

设计单位：中建国际设计顾问有限公司
项目地点：哈尔滨市哈西新区
总建筑面积：69 965m^2

杭州奥体中心

设计单位：中建国际设计顾问有限公司
项目地点：杭州市滨江区滨江路
建筑面积：500 000m^2
合作单位：NBBJ

深圳平安国际金融大厦

设计单位：中建国际设计顾问有限公司
项目地点：深圳市中心区一号地块
建筑面积：460 665m^2
高度：646m
合作单位：KPF

天津中钢国际广场

设计单位：中建国际设计顾问有限公司
项目地点：天津市塘沽区响螺湾中心商业商务区
建筑面积：360 000m^2
合作单位：MAD

中国人寿研发中心

设计单位：中建国际设计顾问有限公司
项目地点：北京市海淀区北清路
建筑面积：296 990m^2
合作单位：HENN

中国石油钻井工程技术研发中心

设计单位：中建国际设计顾问有限公司
项目地点：北京市昌平区新城沙河组团
建筑面积：211 523m^2

第七届青年规划师建筑师演讲比赛获奖名单（规划组）

姓名	单位	演讲题目	奖项
赵　幸	北京市城市规划设计研究院	从一次网络事件说起——论旧城保护中的沟通和公众参与	一等奖
徐碧颖	北京市城市规划设计研究院	地名那些事儿	二等奖
严　坤	北京市规划委员会	从“人、地、房”的关系入手做好旧城规划管理工作	二等奖
方　旭	华通设计顾问工程有限公司	有障碍城市	二等奖
金晓峰	北京市规划委员会东城分局	北京历史文化名城保护就是一个七日，接着又一个七日	三等奖
吴南居	北京市弘都规划建筑设计院	被吃掉的历史名城	三等奖
张劲松	北京市测绘设计研究院	测绘新技术在历史文物建筑保护中的应用	三等奖
梅　静	中国建筑设计研究院城镇规划院	历史文化名村调研思考——从看似不合理的现象谈起	三等奖
汪　洋	北京市城市规划设计研究院	哪里是北京？——浅谈交通视角下的北京旧城整体保护	三等奖
常　青	北京市城市规划设计研究院	北京：文化的诉说	三等奖
崔吉浩	北京市城市规划设计研究院	你好，色彩	三等奖
李佳洁	中国建筑设计研究院城镇规划院	从凯旋门看大前门——东西时空的对话	三等奖
苏　杭	华通设计顾问工程有限公司	北京旧城名人故居保护	三等奖
	北京市城市规划设计研究院		优秀组织奖
	华通设计顾问工程有限公司		优秀组织奖
	北京市测绘设计研究院		优秀组织奖
	北京市规划委员会团委		优秀组织奖

第七届青年规划师建筑师演讲比赛获奖名单（建筑组）

姓名	单位	演讲题目	奖项
金　磊	中国建筑设计研究院	他们的北京	一等奖
张丽欣	中国中元国际工程公司	我们在哪	二等奖
袁　元	北京维拓时代建筑设计有限公司	长寿的建筑	二等奖
艾文洋	北京维拓时代建筑设计有限公司	失忆的古城	二等奖
孙　铭	维拓时代建筑设计有限公司	为居者安“心”，为城市安“魂”	二等奖
冷冬梅	北京维拓时代建筑设计有限公司	节能减材，绿色减震 2011	三等奖
孙　孜	华通设计顾问工程有限公司	浅谈建筑与公共空间的关系	三等奖
胡　冰	北京维拓时代建筑设计有限公司	站在历史肩头	三等奖
芦文昆	九源国际建筑顾问有限公司	世纪北京之发展征程	三等奖
徐　超	中国建筑设计研究院	简单制造	三等奖
张墨青	中国中元国际工程公司	从“拆故宫”到“羽林建筑师”	三等奖
文　朔	中国中元国际工程公司	留下最后的老北京	三等奖
孔祥蕊	北京维拓时代建筑设计有限公司	绿色建筑——JUST SAY NO TO 噱头	三等奖
张　涛	北京中外建建筑设计有限公司	发现时间之美	三等奖
李　阳	北京维拓时代建筑设计有限公司	这里是北京	三等奖
	北京维拓时代建筑设计有限公司		优秀组织奖
	中国中元国际工程公司		优秀组织奖
	北京市建筑设计研究院		优秀组织奖

北京勘察设计行业 2010 年企业获奖汇总表

（根据企业上报资料汇总整理）

获奖企业名称	获奖项目名称	奖项名称和级别	颁奖单位
北京城建勘测设计研究院有限责任公司	北京工程勘察设计测绘行业轨道交通	建设贡献奖	北京市规划委员会
北京城建勘测设计研究院有限责任公司	北京工程勘察设计测绘行业援建工作（四川汶川）	建设贡献奖	北京市规划委员会
北京城建勘测设计研究院有限责任公司	特大异型工程精密测量与重构技术研究及应用	国家科学技术进步奖 二等奖	中华人民共和国国务院
北京城建勘测设计研究院有限责任公司	中国疾病预防控制中心一期工程	2010 年度国家优质工程银质奖	国家工程建设质量奖审定委员会
北京城建勘测设计研究院有限责任公司	华骏国际中心工程勘察项目	2009 年度全国优秀城乡规划设计 二等奖	中国城市规划协会
中讯邮电咨询设计院有限公司	2009 年中国联通 China169 骨干网扩容工程可行性研究报告	2010 年度全国优秀工程咨询成果奖 一等奖	中国工程咨询协会
中讯邮电咨询设计院有限公司	中国联通 WCDMA 网络规划总体方案	2010 年度全国优秀工程咨询成果奖 一等奖	中国工程咨询协会
中讯邮电咨询设计院有限公司	中国联通北京 2009 年 WCDMA 网工程可行性研究报告	2010 年度全国优秀工程咨询成果奖 二等奖	中国工程咨询协会
中讯邮电咨询设计院有限公司	中国联通福建 2009 年 WCDMA 网工程可行性研究报告	2010 年度全国优秀工程咨询成果奖 三等奖	中国工程咨询协会
中讯邮电咨询设计院有限公司	2009 年中国联通 China169 骨干网扩容工程可行性研究报告	全国优秀通信工程咨询成果奖 一等奖	中国通信企业协会
中讯邮电咨询设计院有限公司	中国联通 WCDMA 网络规划总体方案	全国优秀通信工程咨询成果奖 一等奖	中国通信企业协会
中讯邮电咨询设计院有限公司	中国联通北京 2009 年 WCDMA 网工程可行性研究报告	全国优秀通信工程咨询成果奖 一等奖	中国通信企业协会
中讯邮电咨询设计院有限公司	中国联通福建 2009 年 WCDMA 网工程可行性研究报告	全国优秀通信工程咨询成果奖 二等奖	中国通信企业协会
中讯邮电咨询设计院有限公司	中国联通创新产品发展路标研究	全国优秀通信工程咨询成果奖 二等奖	中国通信企业协会
中讯邮电咨询设计院有限公司	四川移动 2010 年—2012 年网络发展滚动规划	全国优秀通信工程咨询成果奖 二等奖	中国通信企业协会
中讯邮电咨询设计院有限公司	中国电信 2009 年国际电路国内延伸段传输系统工程可行性研究报告	全国优秀通信工程咨询成果奖 二等奖	中国通信企业协会
中讯邮电咨询设计院有限公司	中国联通 2007 年 IP 承载网工程可行性研究报告	全国优秀通信工程咨询成果奖	中国通信企业协会

续表

获奖企业名称	获奖项目名称	奖项名称和级别	颁奖单位
中讯邮电咨询设计院有限公司	中国联通上海分公司2010年—2012年综合滚动规划	全国优秀通信工程咨询成果奖 三等奖	中国通信企业协会
中讯邮电咨询设计院有限公司	江苏联通2010年—2012年固定网络发展规划省长途传输网分册	全国优秀通信工程咨询成果奖 三等奖	中国通信企业协会
中讯邮电咨询设计院有限公司	中国联通重庆2009年WCDMA网工程可行性研究报告	全国优秀通信工程咨询成果奖 三等奖	中国通信企业协会
中讯邮电咨询设计院有限公司	中国联通河北2009年WCDMA网工程可行性研究报告	全国优秀通信工程咨询成果奖 三等奖	中国通信企业协会
中讯邮电咨询设计院有限公司	中国移动3G(TD-SCDMA)网络三期四川工程可行性研究报告	全国优秀通信工程咨询成果奖 三等奖	中国通信企业协会
中讯邮电咨询设计院有限公司	移动通信基站雷电主要引入渠道及防雷接地研究与应用	广东省科学技术奖 一等奖	广东省人民政府
中讯邮电咨询设计院有限公司	中国联通全业务在线计费系统(OCS)1.0工程	中国通信学会科学技术奖 二等奖	中国通信学会
中讯邮电咨询设计院有限公司	中国联通WCDMA网络规划总体方案	中国通信学会科学技术奖 三等奖	中国通信学会
中讯邮电咨询设计院有限公司	《通信局(站)防雷与接地工程设计规范》行业标准	中国通信标准化协会科学技术奖 二等奖	中国通信标准化协会
中讯邮电咨询设计院有限公司	《通信局站用智能热交换系统》等2项行业标准	中国通信标准化协会科学技术奖 三等奖	中国通信标准化协会
中讯邮电咨询设计院有限公司	《WCDMA Home NodeB网络技术体制》等9项企业标准	中国通信标准化协会科学技术奖 三等奖	中国通信标准化协会
中讯邮电咨询设计院有限公司	《移动号码携带总体技术要求》等3项企业标准	中国通信标准化协会科学技术奖 三等奖	中国通信标准化协会
中讯邮电咨询设计院有限公司	中国联通GSM网2G/3G互操作升级工程	2010年度优秀设计奖一等奖	工业和信息化部
中讯邮电咨询设计院有限公司	中国移动长途软交换网三期第一阶段工程	2010年度优秀设计奖一等奖	工业和信息化部
中讯邮电咨询设计院有限公司	中国联通湖北2009年WCDMA网工程	2010年度优秀设计奖一等奖	工业和信息化部
中讯邮电咨询设计院有限公司	2007年成都交换网络替换改造工程	2010年度优秀设计奖一等奖	工业和信息化部
中讯邮电咨询设计院有限公司	中国联通(澳门)有限公司CDMA网2007年EV-DO工程	2010年度优秀设计奖一等奖	工业和信息化部

续表

获奖企业名称	获奖项目名称	奖项名称和级别	颁奖单位
中讯邮电咨询设计院有限公司	中国移动传输综合网管系统工程	2010 年度优秀设计奖一等奖	工业和信息化部
中讯邮电咨询设计院有限公司	2006 年中国网通新建欧洲 POP 点工程	2010 年度优秀设计奖一等奖	工业和信息化部
中讯邮电咨询设计院有限公司	四川移动 2007 年省内二级干线光传送网传输系统扩容工程	2010 年度优秀设计奖二等奖	工业和信息化部
中讯邮电咨询设计院有限公司	中国移动四川公司多媒体呼叫中心工程	2010 年度优秀设计奖二等奖	工业和信息化部
中讯邮电咨询设计院有限公司	天津移动 GSM 网十一期核心网扩容工程	2010 年度优秀设计奖二等奖	工业和信息化部
中讯邮电咨询设计院有限公司	中国联通数字移动通信 (CDMA) 网澳门二期工程	2010 年度优秀设计奖二等奖	工业和信息化部
中讯邮电咨询设计院有限公司	2007 年中国网通集团广州远东机房搬迁工程	2010 年度优秀设计奖二等奖	工业和信息化部
中讯邮电咨询设计院有限公司	四川移动 2006 年新建第二对 LSTP 工程	2010 年度优秀设计奖二等奖	工业和信息化部
中讯邮电咨询设计院有限公司	中国联通江苏 2007 年 GSM 网工程	2010 年度优秀设计奖二等奖	工业和信息化部
中讯邮电咨询设计院有限公司	中国电信 2006 年上海—杭州—福州—厦门—广州 WDM 传输系统扩容工程	2010 年度优秀设计奖二等奖	工业和信息化部
中讯邮电咨询设计院有限公司	河南移动彩铃业务系统七期扩容工程	2010 年度优秀设计奖二等奖	工业和信息化部
中讯邮电咨询设计院有限公司	河南移动 GSM 网十期扩容工程	2010 年度优秀设计奖二等奖	工业和信息化部
中讯邮电咨询设计院有限公司	上海市电信有限公司客户化解决方案研究中心土建工程	2010 年度优秀设计奖二等奖	工业和信息化部
中讯邮电咨询设计院有限公司	2008 年乌鲁木齐中继层 ASON 扩容工程	2010 年度优秀设计奖三等奖	工业和信息化部
中讯邮电咨询设计院有限公司	天津移动 GSM 数字移动通信网 HLR/AUC 设备十三期扩容工程	2010 年度优秀设计奖三等奖	工业和信息化部
中讯邮电咨询设计院有限公司	中国移动四川新业务网彩铃系统八期工程	2010 年度优秀设计奖三等奖	工业和信息化部
中讯邮电咨询设计院有限公司	天津移动 GSM 数字移动通信网十一期无线扩容基站设备安装工程	2010 年度优秀设计奖三等奖	工业和信息化部

续表

获奖企业名称	获奖项目名称	奖项名称和级别	颁奖单位
中讯邮电咨询设计院有限公司	中国联通锦州通信综合楼工程	2010 年度优秀设计奖 三等奖	工业和信息化部
中讯邮电咨询设计院有限公司	长春市政府新建办公楼智能化系统工程	2010 年度优秀设计奖 三等奖	工业和信息化部
中讯邮电咨询设计院有限公司	河南移动 GSM 十期扩容工程	2010 年度优质工程奖 一等奖	工业和信息化部
中讯邮电咨询设计院有限公司	中国移动长途软交换网三期一阶段工程	2010 年度优质工程奖 一等奖	工业和信息化部
中讯邮电咨询设计院有限公司	中国联通河南 2009 年 WCDMA 网工程	2010 年度优质工程奖 二等奖	工业和信息化部
中讯邮电咨询设计院有限公司	中国移动传输综合网管系统工程	2010 年度优质工程奖 二等奖	工业和信息化部
中讯邮电咨询设计院有限公司	2008 年成都新建 HLR 交换机工程	2010 年度优质工程奖 三等奖	工业和信息化部
北京市市政工程设计研究总院	深圳市笔架山水厂扩（改）建工程	第九届中国土木工程詹天佑奖	中国土木工程学会
北京市市政工程设计研究总院	丰北路（三环—四环）改扩建工程	第九届中国土木工程詹天佑奖	中国土木工程学会
北京市市政工程设计研究总院	北京地铁 4 号线	第三届中国建筑学会优秀设计 二等奖	中国建筑学会
北京市市政工程设计研究总院	北京市清河再生水厂二期及再生水利用工程	2010 年度北京市优秀工程咨询成果 一等奖	北京市工程咨询协会
北京市市政工程设计研究总院	北京地铁 15 号线一期工程可行性研究报告	2010 年度北京市优秀工程咨询成果 二等奖	北京市工程咨询协会
北京市市政工程设计研究总院	卵形消化池新技术应用研究	2010 年度华夏建设科学技术 二等奖	中国建筑设计研究院
北京市市政工程设计研究总院	北京小红门污水处理厂	第十届中国土木工程詹天佑奖	中国土木工程学会
北京市市政工程设计研究总院	北京奥林匹克公园中心区市政配套工程	第十届中国土木工程詹天佑奖	中国土木工程学会
北京市市政工程设计研究总院	上海白龙港污水处理厂升级改造及扩建工程	第十届中国土木工程詹天佑奖	中国土木工程学会
北京市市政工程设计研究总院	北京市清河再生水厂二期及再生水利用工程	2010 年度全国优秀工程咨询成果奖	中国工程咨询协会

续表

获奖企业名称	获奖项目名称	奖项名称和级别	颁奖单位
北京市市政工程设计研究总院	上海白龙港污水处理厂升级改造及扩建工程	2010 年度国家优质工程金奖	国家工程建设质量奖审定委员会
北京市市政工程设计研究总院	北京市长安街道路工程	2010 年度国家优质工程银奖	国家工程建设质量奖审定委员会
北京市市政工程设计研究总院	通惠河北路道路工程	2010 年度国家优质工程银奖	国家工程建设质量奖审定委员会
北京市市政工程设计研究总院	天津开发区净水厂三期工程	2010 年度国家优质工程银奖	国家工程建设质量奖审定委员会
北京电信规划设计院有限公司	中国联通天津 2009 年 WCDMA 网工程可行性研究报告	全国优秀工程咨询成果三等奖	中国工程咨询协会
北京电信规划设计院有限公司	中国网通 2008 年奥运会通信网络建设工程	优秀设计二等奖	工业和信息化部
北京电信规划设计院有限公司	2007 年中国网通省际 WDM 传输系统扩容工程	优秀设计三等奖	工业和信息化部
北京电信规划设计院有限公司	2007 年北京网通关键 IT 系统业务连续性（灾难恢复）项目	优秀设计三等奖	工业和信息化部
北京电信规划设计院有限公司	正通数字集群通信网三期工程（奥运扩容）	优秀设计三等奖	工业和信息化部
北京电信规划设计院有限公司	2006 年中国网通 DCN 网络安全系统建设工程	优秀设计三等奖	工业和信息化部
北京电信规划设计院有限公司	2007 年北京网通新建软交换关口局紧急工程	优秀设计三等奖	工业和信息化部
北京电信规划设计院有限公司	中国联通天津 2009 年 WCDMA 网工程可行性研究报告	优秀通信工程咨询成果二等奖	中国通信企业协会
北京电信规划设计院有限公司	2009 年中国联通 ERP 财务管理系统融合改造二期工程 ERP 核心系统建设可行性研究报告	优秀通信工程咨询成果二等奖	中国通信企业协会
北京电信规划设计院有限公司	2009 年中国联通 IP 承载 B 网扩容工程可行性研究报告	优秀通信工程咨询成果三等奖	中国通信企业协会
北京电信规划设计院有限公司	宽带互联网网络优化策略研究	优秀通信工程咨询成果三等奖	中国通信企业协会
北京天鸿圆方建筑设计有限责任公司	东城区对接安置及保障性住房项目（定福庄南 地块）	北京市近期建设政策性住房规划设计方案评选暨展览 —— 规划设计奖	北京市规划委员会

续表

获奖企业名称	获奖项目名称	奖项名称和级别	颁奖单位
北京天图设计工程有限公司	北京电视中心	2010 年全国建筑工程装饰奖	中国建筑装饰协会
北京天图设计工程有限公司	中国文字博物馆主体馆	2010—2011 年度中国建设工程鲁班奖	中国建筑业协会
中国中元国际工程公司	北京科技大学重大工程材料结构服役安全评价试验装置建设项目可行性研究报告	2010 年度全国优秀工程咨询成果奖	中国工程咨询协会
中铁工程设计咨询集团有限公司	烟台火车站站房工程	国家优质工程奖银质奖	国家工程建设质量奖审定委员会
中铁工程设计咨询集团有限公司	胶济铁路青岛客站改造工程	第九届中国土木工程詹天佑奖	中国土木工程学会
中铁工程设计咨询集团有限公司	济南设计院通讯信号工程设计所	中央企业红旗班组	国资委
中国石油集团工程设计有限责任公司	风城油田重 32 井区 2008 年风城 1 号稠油处理站工程	国家优质工程银质奖	国家工程建设质量奖审定委员会
中国石油集团工程设计有限责任公司	玛河气田地面建设工程	国家优质工程银质奖	国家工程建设质量奖审定委员会
中国石油集团工程设计有限责任公司	西气东输管道工程岩土工程勘察	金奖	住房和城乡建设部
中国石油集团工程设计有限责任公司	西气东输管道工程测量	银奖	住房和城乡建设部
中国石油集团工程设计有限责任公司	南堡油田地基处理工程	二等奖	石油天然气工程建设质量奖审定委员会
中国石油集团工程设计有限责任公司	西部原油成品油管理工程岩土工程勘察	一等奖	石油天然气工程建设质量奖审定委员会
中国石油集团工程设计有限责任公司	西部原油成品油管道工程岩土工程勘察	一等奖	石油天然气工程建设质量奖审定委员会
中国石油集团工程设计有限责任公司	鄯善原油商业储备库工程	二等奖	石油天然气工程建设质量奖审定委员会
中国石油集团工程设计有限责任公司	陆梁油田地面工程测绘及数据建设工程	三等奖	石油天然气工程建设质量奖审定委员会
中国石油集团工程设计有限责任公司	时代公司、工程建设有限公司等六家单位联合办公楼工程	三等奖	石油天然气工程建设质量奖审定委员会
中国石油集团工程设计有限责任公司	油气田新区产能建设地面工程数字化(2008 年)	三等奖	石油天然气工程建设质量奖审定委员会

续表

获奖企业名称	获奖项目名称	奖项名称和级别	颁奖单位
中国石油集团工程设计有限责任公司	永唐秦输气管道工程勘察测量工程	二等奖	河北省优秀工程勘察设计奖审定委员会
中国石油集团工程设计有限责任公司	涩格输气管道复线工程	二等奖	石油天然气工程建设质量奖审定委员会
中国石油集团工程设计有限责任公司	花土沟基地水电公寓工程_I型公寓楼	三等奖	石油天然气工程建设质量奖审定委员会
中国石油集团工程设计有限责任公司	冀东油田南堡—高尚堡—迁安输油管道工程	二等奖	石油天然气工程建设质量奖审定委员会
中国石油集团工程设计有限责任公司	华北油田矿区边远队点回迁工程	三等奖	石油天然气工程建设质量奖审定委员会
中国石油集团工程设计有限责任公司	苏丹 3/7 区 GUMRY & MOLEETA 油田地面设施工程项目	一等奖	石油天然气工程建设质量奖审定委员会
中国石油集团工程设计有限责任公司	苏丹 3/7 区 PDOC 石油公司总部办公大楼工程	一等奖	石油天然气工程建设质量奖审定委员会
中国石油集团工程设计有限责任公司	中国石油集团工程设计有限责任公司苏丹 1/2/4 区油田 FSF 集输系统工程	二等奖	石油天然气工程建设质量奖审定委员会
中国石油集团工程设计有限责任公司	苏丹 37 区 PALOUGE-ADAR/GUMRY/MOLEETA 油田 66kV 线路工程项目	二等奖	石油天然气工程建设质量奖审定委员会
中国石油集团工程设计有限责任公司	风城油田 2008 年 100×104 吨每年特稠油处理站地面建设工程	二等奖	石油天然气工程建设质量奖审定委员会
中国石油集团工程设计有限责任公司	克石化公司全厂低温热利用改造工程	二等奖	石油天然气工程建设质量奖审定委员会
中国石油集团工程设计有限责任公司	鄯善原油商业储备库工程	二等奖	石油天然气工程建设质量奖审定委员会
中国石油集团工程设计有限责任公司	乌尔禾风城油田稀油 2008 年地面建设工程	三等奖	石油天然气工程建设质量奖审定委员会
中国石油集团工程设计有限责任公司	克拉美丽气田滴西 14、17、18 井区试采地面建设工程	三等奖	石油天然气工程建设质量奖审定委员会
中国石油集团工程设计有限责任公司	陆 9 井区白垩系气藏 2007 年地面建设工程	三等奖	石油天然气工程建设质量奖审定委员会
中国石油集团工程设计有限责任公司	西北销售公司永登沥青库工程	三等奖	石油天然气工程建设质量奖审定委员会
中国石油集团工程设计有限责任公司	物资供应总公司职工综合健身中心工程	三等奖	石油天然气工程建设质量奖审定委员会

续表

获奖企业名称	获奖项目名称	奖项名称和级别	颁奖单位
中国石油集团工程设计有限责任公司	克拉玛依石化工业园区东三街道路及系统配套工程	三等奖	石油天然气工程建设质量奖审定委员会
中国石油集团工程设计有限责任公司	局供热公司昆仑锅炉房扩建工程	三等奖	石油天然气工程建设质量奖审定委员会
中国石油集团工程设计有限责任公司	供热公司南泉锅炉房扩建工程	三等奖	石油天然气工程建设质量奖审定委员会
中国石油集团工程设计有限责任公司	塔指库车生产技术服务钻具维修中心工程	三等奖	石油天然气工程建设质量奖审定委员会
中国石油集团工程设计有限责任公司	百重七稠油污水处理站改扩建工程	三等奖	石油天然气工程建设质量奖审定委员会
中国石油集团工程设计有限责任公司	西气东输中卫黄河隧道工程	一等奖	石油天然气工程建设质量奖审定委员会
中国石油集团工程设计有限责任公司	长北气田开发项目 CPF、井丛及配套工程	二等奖	石油天然气工程建设质量奖审定委员会
中国石油集团工程设计有限责任公司	石河天然气净化厂工程	二等奖	石油天然气工程建设质量奖审定委员会
中国石油集团工程设计有限责任公司	重庆天然气净化总厂引进分厂适应性改造工程	三等奖	石油天然气工程建设质量奖审定委员会
中国石油集团工程设计有限责任公司	青海涩北二号气田产能扩建地面建设标准化设计	一等奖	中国石油天然气股份有限公司
中国石油集团工程设计有限责任公司	西气东输二线工程可行研究及项目申请报告	一等奖	石油天然气工程建设质量奖审定委员会
中国石油集团工程设计有限责任公司	龙岗气田试采工程可行性研究（试采净化厂工程）	一等奖	石油天然气工程建设质量奖审定委员会
中国石油集团工程设计有限责任公司	塔中 I 号气田开发试验区 10 亿方试采地面建设工程可行性研究报告	三等奖	石油天然气工程建设质量奖审定委员会
中国石油集团工程设计有限责任公司	西南油气田分公司天然气计量检测中心扩容改造工程可行性研究报告	三等奖	石油天然气工程建设质量奖审定委员会
中国石油集团工程设计有限责任公司	万州天然气净化厂工程可行性研究报告	三等奖	石油天然气工程建设质量奖审定委员会
中国石油集团工程设计有限责任公司	华北油田公司创业家园住宅小区规划	三等奖	石油天然气工程建设质量奖审定委员会
中国石油集团工程设计有限责任公司	台南气田 36x10m/a 产能调整实施方案（地面工程）	二等奖	石油天然气工程建设质量奖审定委员会

续表

获奖企业名称	获奖项目名称	奖项名称和级别	颁奖单位
中国石油集团工程设计有限责任公司	风城作业区夏子街油田地面建设整体改造工程可行性研究报告	二等奖	石油天然气工程建设质量奖审定委员会
中国石油集团工程设计有限责任公司	准东油田电网接入地方电力系统配套工程可研	三等奖	石油天然气工程建设质量奖审定委员会
中国石油集团工程设计有限责任公司	伊拉克艾哈代布 (AHDEB) 油田地面建设工程概念设计	一等奖	石油天然气工程建设质量奖审定委员会
中国石油集团工程设计有限责任公司	新疆油田风城油田 1# 特稠油联合站工程	三等奖	中国石油天然气工程建设分公司
中国石油集团工程设计有限责任公司	风城油田重 32 井区 2008 年地面建设工程风城 1# 特稠油处理站工程	金质奖	石油天然气工程建设质量奖审定委员会
中国石油集团工程设计有限责任公司	石南油气田石南 21 井区地面建设工程	金质奖	石油天然气工程建设质量奖审定委员会
中国石油集团工程设计有限责任公司	乌尔禾 80 万吨稀油处理站工程	银质奖	石油天然气工程建设质量奖审定委员会
中国石油集团工程设计有限责任公司	采油一厂稀油污水处理新建工程	银质奖	石油天然气工程建设质量奖审定委员会
中国石油集团工程设计有限责任公司	玛河气田地面建设工程	金质奖	石油天然气工程建设质量奖审定委员会
中国石油集团工程设计有限责任公司	油气田新区产能建设地面工程数字化技术研究与应用	三等奖	中国测绘学会
中国石油集团工程设计有限责任公司	酸性天然气净化技术研究及应用	一等奖	中国石油天然气股份有限公司
中国石油集团工程设计有限责任公司	高含 H_2S、CO_2 天然气田开发防腐蚀工程新技术	二等奖	中国石油天然气股份有限公司
中国石油集团工程设计有限责任公司	高酸性气田在线腐蚀试验装置研制及现场材料评价试验	一等奖	中国施工企业管理协会
中国石油集团工程设计有限责任公司	克拉美丽气田地面建设工程	一等奖	中国建筑业协会
中国石油集团工程设计有限责任公司	吉拉克凝析气田地面建设集中处理站工程	二等奖	中国建筑业协会
中国石油集团工程设计有限责任公司	风城油田 1# 特稠油处理站工程	二等奖	中国建筑业协会
中国石油集团工程设计有限责任公司	克拉玛依石化工业园区东三街道路及系统配套工程	二等奖	中国建筑业协会

续表

获奖企业名称	获奖项目名称	奖项名称和级别	颁奖单位
中国石油集团工程设计有限责任公司	采气一厂稀油污水处理新建工程项目	三等奖	中国建筑业协会
中国石油集团工程设计有限责任公司	克浅 10 稠油污水处理及回用锅炉改造工程	三等奖	中国建筑业协会
中国石油集团工程设计有限责任公司	实现办公信息化	二等奖	中国石油工程建设协会
北京电铁通信信号勘测设计院有限公司	北京市轨道交通首都机场线通信信号系统设计	北京市第十四届优秀工程设计一等奖	北京市规划委员会
北京电铁通信信号勘测设计院有限公司	新建铁路玉林至铁山港线可行性研究	全国优秀咨询成果三等奖	中国咨询协会
北京腾远建筑设计有限公司	西城区西长安社区卫生服务中心	优秀设计奖	中国室内装饰协会
北京腾远建筑设计有限公司	温泉项目管理用房改造工程	优秀设计奖	中国室内装饰协会
中国中轻国际工程有限公司	广东省清远市再生资源示范基地一期工程修建性详细规划	全国优秀工程咨询成果一等奖	中国工程咨询协会
中国中轻国际工程有限公司	广州造纸集团有限公司海珠厂区环保迁建方案项目规划报告	全国优秀工程咨询成果二等奖	中国工程咨询协会
中国中轻国际工程有限公司	嘉兴三江化工有限公司 10 万吨 / 年表面活性剂项目	轻工行业优秀工程总承包二等奖	中国轻工业勘察设计协会
中国中轻国际工程有限公司	奥联(天津)玻璃有限公司玻璃熔窑技改工程	轻工行业优秀工程总承包二等奖	中国轻工业勘察设计协会
中国中轻国际工程有限公司	环保型高效氧化白液系统(氧化法)	科技进步三等奖	中国轻工业联合会
中国中轻国际工程有限公司	广东省清远市再生资源示范基地一期工程修建性详细规划	轻工行业优秀工程咨询成果一等奖	中国轻工业勘察设计协会
中国中轻国际工程有限公司	广州造纸集团有限公司海珠厂区环保迁建方案项目规划报告	轻工行业优秀工程咨询成果一等奖	中国轻工业勘察设计协会
中国中轻国际工程有限公司	浙江煜华金属制品有限公司新增年产铝制品 10 万吨技术改造项目可行性研究报告	轻工行业优秀工程咨询成果一等奖	中国轻工业勘察设计协会
中国中轻国际工程有限公司	华润雪花啤酒(中国)投资有限公司在烟台新建年产 20 万千升啤酒工程项目申请报告	轻工行业优秀工程咨询成果二等奖	中国轻工业勘察设计协会

续表

获奖企业名称	获奖项目名称	奖项名称和级别	颁奖单位
中国中轻国际工程有限公司	内蒙古蒙维科技有限公司200kt/a醋酸乙烯、100kt/a聚乙烯醇项目可行性研究报告	轻工行业优秀工程咨询成果二等奖	中国轻工业勘察设计协会
中国中轻国际工程有限公司	安徽金桐精细化学有限公司7万吨/年多品种新型表面活性剂项目可行性研究报告	轻工行业优秀工程咨询成果三等奖	中国轻工业勘察设计协会
中国中轻国际工程有限公司	中国印钞造币总公司南昌印钞厂印钞工房及科技信息中心建设项目可行性研究报告	轻工行业优秀工程咨询成果三等奖	中国轻工业勘察设计协会
中国中轻国际工程有限公司	大港油田北安小区改造项目可行性研究报告	轻工行业优秀工程咨询成果三等奖	中国轻工业勘察设计协会
中国中轻国际工程有限公司	青岛啤酒（滕州）有限公司20万千升/年啤酒搬迁扩建工程可行性研究报告	轻工行业优秀工程咨询成果三等奖	中国轻工业勘察设计协会
中国中轻国际工程有限公司	广纸海珠厂区八号机搬迁改造工程可行性研究报告	轻工行业优秀工程咨询成果三等奖	中国轻工业勘察设计协会
中国中轻国际工程有限公司	中钞特种防伪科技有限公司保定安全线配套工房改扩建项目可研报告评估报告	轻工行业优秀工程咨询成果三等奖	中国轻工业勘察设计协会
中国中轻国际工程有限公司	龙江福浆纸有限公司污水处理及中水回用工程可行性研究报告	轻工行业优秀工程咨询成果三等奖	中国轻工业勘察设计协会
中国中轻国际工程有限公司	贵州赤天化纸业股份有限公司资源回收综合利用项目可行性研究报告	轻工行业优秀工程咨询成果三等奖	中国轻工业勘察设计协会
北京泰豪智能工程有限公司		2010年节能中国十大贡献企业	中国节能协会
中国航空规划建设发展有限公司	2008奥运羽毛球比赛馆新型预应力弦支穹顶结构体系创新与应用	北京科学技术进步奖二等奖	北京市人民政府
中国航空规划建设发展有限公司	航天一院二一一厂新一代运载火箭基本型研制保障条件建设项目可研报告	二等奖	中国工程咨询协会
中国航空规划建设发展有限公司	南京机电液压工程研究中心（江宁）建设项目	二等奖	中国航空工业集团公司
中国航空规划建设发展有限公司	百泰生物药业有限公司亦庄生产基地项目	二等奖	中国航空工业集团公司
中国航空规划建设发展有限公司	成都蓉生药业有限责任公司血液制品生产线技术改造工程	二等奖	中国航空工业集团公司
中国航空规划建设发展有限公司	中国航空工业第一集团公司产业能力评估	二等奖	中国航空工业集团公司

续表

获奖企业名称	获奖项目名称	奖项名称和级别	颁奖单位
中国航空规划建设发展有限公司	12 米井式热处理炉	二等奖	中国航空工业集团公司
中国航空规划建设发展有限公司	成都蓉生药业有限责任公司血液制品生产线技术改造工程	二等奖	中国医药工程设计协会
中国航空规划建设发展有限公司	百泰生物药业有限公司亦庄生产基地项目	三等奖	中国医药工程设计协会
中国航空规划建设发展有限公司	河南艺术中心	詹天佑奖	中国土木工程学会
中国航空规划建设发展有限公司	北京飞机维修工程有限公司 A380 机库工程	詹天佑奖	中国土木工程学会
中国航空规划建设发展有限公司	成都飞机设计研究所歼十飞机研制保障条件建设项目	金质奖	住房和城乡建设部
中国航空规划建设发展有限公司	北京大学附属小学新建教学楼及宿舍楼	银质奖	住房和城乡建设部
中国航空规划建设发展有限公司	沈阳飞机设计研究所全机电磁兼容性试验室	铜质奖	住房和城乡建设部
中国航空规划建设发展有限公司	首都机场北京飞机维修有限公司 A380 机库	一等奖	中国建筑学会
北京市勘察设计研究院有限公司		全国精神文明建设工作先进单位	中央精神文明建设指导委员会
北京市勘察设计研究院有限公司	北京工程勘察设计测绘行业轨道交通	建设贡献奖	北京市规划委员会
北京市勘察设计研究院有限公司		中华人民共和国国家质量奖优质奖	国家工程建设质量奖审定委员会
北京市勘察设计研究院有限公司	通惠河北路道路工程	2010 年度国家优质工程银质奖	国家工程质量奖审定委员会
北京市勘察设计研究院有限公司	北京奥林匹克公园（B 区）国家会议中心工程	2010 年度国家优质工程银质奖	国家工程质量奖审定委员会
北京市勘察设计研究院有限公司	百度大厦	2010 年度国家优质工程银质奖	国家工程质量奖审定委员会
北京市勘察设计研究院有限公司	建筑基坑支护技术规程	北京市科学技术进步奖三等奖	北京市人民政府
中铁第五勘察设计院集团有限公司	高速铁路 900 吨简支箱梁建造成套技术与装备	国家科学技术进步奖二等奖	中华人民共和国国务院

续表

获奖企业名称	获奖项目名称	奖项名称和级别	颁奖单位
交通运输部规划研究院	连云港港总体规划	二等奖	中国工程咨询协会
交通运输部规划研究院	广州港发展战略研究	二等奖	中国水运建设行业协会
交通运输部规划研究院	对外道路运输国际法规研究	二等奖	中国公路学会
交通运输部规划研究院	江苏省公路养护现代化研究	二等奖	中国公路学会
交通运输部规划研究院	珠江三角洲产业结构调整对深圳港的影响和对策研究分析	三等奖	中国港口协会
交通运输部规划研究院	福州市港口经济发展战略研究	三等奖	中国港口协会
中国电子工程设计院	北京银泰中心	詹天佑奖	中国土木工程学会
中国电子工程设计院	第一次全国污染源普查——电子行业产排污系数核算	先进集体	国务院第一次全国污染源普查领导小组办公室
中国电子工程设计院	北京京东方显示技术有限公司第8代薄膜晶体管液晶显示器件项目可行性研究报告	一等奖	中国工程咨询协会
中国电子工程设计院	中国光学科学技术馆建设项目可行性研究报告	二等奖	中国工程咨询协会
中国电子工程设计院	彩虹（合肥）液晶玻璃公司高世代TFT-LCD玻璃基板生产线项目可研报告	二等奖	中国工程咨询协会
中国电子工程设计院	北京京东方显示技术有限公司第8代薄膜晶体管液晶显示器件项目节能专篇	三等奖	中国工程咨询协会
中国电子工程设计院	中国地震背景场探测项目可行性研究报告	三等奖	中国工程咨询协会
中国电子工程设计院	北京银泰中心超高层钢结构设计	三等奖	中国钢结构协会
中国电子工程设计院	中国光华文化创意产业园规划方案设计	综合大奖	中国建筑学会
中国电子工程设计院	朝阳鸟化石博物馆规划方案设计	规划、建筑双金奖	中国建筑学会
中国电子工程设计院	北京朔黄发展大厦	建筑金奖	中国建筑学会
中国电子工程设计院	万年花城四期 · 上品	詹天佑金奖	中国土木工程学会
中国电子工程设计院	电视用TFT-LCD工艺技术与相关保障系统研发及产业化研究	三等奖	北京市政府

Events
第四部分
大事记

2010年1月

★1月，刘玉民副主任代表北京市规划委与国家测绘局签署了国家地理信息公共服务平台建设数据提供责任书，并按时于9月27日向国家测绘局提交了按数据标准重新加工处理的数据。

2010年2月

★2月4日下午，北京工程勘察设计行业协会第六届二次理事会在中核宾馆会议室召开，曲际水会长主持会议。

会议逐项审议并通过了《2009年工作总结》、《2009年财务工作报告》、《2009年监事会工作报告》和《2010 年协会工作要点》。

会议审议并通过了关于北京蓝普锋建筑设计中心等9家单位加入协会和保留北京天文弘装饰工程有限公司等11家会员单位的会籍。

会议通过增补协会办公室主任张凤林同志任协会专职副秘书长的决定。

2010年4月

★4月14日7时49分，我国青海省玉树地区玉树县发生里氏7.1级地震。地震受灾区主要为玉树藏族自治州玉树县以及毗邻玉树县的五县大部分地区。为了快速恢复灾区人民群众正常的生产生活秩序，迅速启动灾后重建。北京市住宅建筑设计研究院为配合住总集团援建玉树藏族自治州玉树县哈秀工作站，承担了援建项目的设计工作。

★4月16日，北京工程勘察设计行业协会会长曲际水带领有关人员到北京筑福建筑事务有限责任公司调研。曲会长充分肯定民营设计企业是工程勘察设计行业的重要组成部分，希望民营设计企业，着力关注低碳经济发展和节能减排，为将北京建设成世界城市做出更大的贡献。

★4月20日，北京工程勘察设计行业协会技术经济工作委员会和北京市工程咨询协会，举行了“2010年北京投资形势报告会”。邀请北京市发改委、建委和规委领导就“2010年北京投资形势、房地产运行情况和北京市近期的总体规划”等热点问题作报告。

★4月28日，《北京志·城乡规划卷·市政工程设计志》编委会在新大都饭店召开编辑出版总结大会。

《市政工程设计志》编纂委员会主任、北京工程勘察设计行业协会会长曲际水主持会议。编辑部副主编李京璋做“市政工程设计志编纂出版工作总结”报告。

2010年5月

★中国2010年上海世界博览会暨第41届世界博览会于2010年5月1日至10月31日期间在中国上海市举行。北京勘察设计协会培训中心2010年分期分批组织工程技术人员近600人赴上海学习考察世博园工程。学习考察采取实地参观和专题讲座相结合，参观以建筑结构、节能环保为主题。同时，还特地安排了“上海世博园场馆工程建设”系列专题讲座，邀请上海同行业专家做“上海世博园场馆工程建设”介绍。

★2010年5月1日至9月30日，开展《向“世界城市”目标迈进》征文活动。征文活动内容为国家“十一五”计划实施的经验总结、“十二五”计划编制与企业的新发展；面对建设“世界城市”的内涵和外延赋予行业自身建设的新使命；低碳经济的需求和工程勘察设计行业的适应发展；当前提高工程勘察设计的功能与风貌以及质量和水平的主要举措。

★5月17日，北京市规划委员会发布《关于进一步加强土木工程师（岩土）执业及签字签章管理工作的通知》。

★5月19日，北京工程勘察设计行业协会勘察测量工作委员会与北京测绘学会联合举办了“北京市地面沉降监测及其危害”报告会，就北京地面沉降发展现状、地面沉降产生的原因及机理、地面沉降的危害、地面沉降的防治措施以及北京市高程基准的建立与维护、沉降区域的发现及监测、沉降区监测现状及技术发展等7个方面进行讲解。北京市勘察设计与测绘管理办公室、北京工程勘察设计行业协会在北京昆泰大酒店召开了《施工设计文件技术审查要点编制》项目工作会议。

★2010年5月开始，北京市勘察设计与测绘管理办公室组织开展北京市“十二五”时期测绘事业发展规划编制工作，委托市测绘院等8家单位参与编制，共列出9个调研课题。目前，部分调研课题已完成专家验收。

2010年6月

★6月4日，北京工程勘察设计行业协会发布《关于在北京地区建筑设计单位开展诚信评估工作的通知》，协会成立了北京地区建筑设计行业诚信评估委员会、诚信评估专家工作委员会和诚信评估仲裁委员会等工作机构，在北京地区建筑设计会员单位中开展诚信评估工作，100余家建筑设计单位参加了申报动员会。有66家建筑设计单位申报诚信单位。

★6月，北京工程勘察设计行业协会工程总承包工作委员会为进一步推进建筑行业开展工程总承包和工程项目管理工作，总结北京工程勘察设计行业近年来开展工程总承包和工程项目管理的成绩、经验、存在问题和发展态势，在成员单位进行了问卷调查，收集整理业务开展过程中遇到的问题和困难。根据收集整理问卷调查结果，研究如何组织开展成员单位经验交流，协商针对存在的共性问题和困难应采取的措施。

★6月18日，《首都城市建设60周年成就巡礼》首发式在北京市规划委员会会议室举行。北京市建筑业联合会会长王宗礼主持会议。

为纪念建国60周年，北京工程勘察设计行业协会与北京城市规划学会、北京市建筑业联合会等8家学会、协会联合编辑出版《首都城市建设60年成就巡礼》纪念文献集。该文献集全面展示了北京60年规划设计建设全方位的有代表性的建设成就，涉及年代长远，项目繁多，清晰地描绘了北京城市建设的完整图景。书中展示的166个工程是其中的经典作品，不仅具有鲜明的时代特征，更具有不同时期的北京风貌，见证和展示了广大建设者的精神风采。

★6月28日，北京市勘察设计与测绘管理办公室发布“关于开展2010年度北京市施工图审查机构专项监督检查的通知”。通知指出，自2010年7月10日至7月31日，管理办将对凡取得北京市规划委员会颁发的施工图设计文件审查资格并在本市正常开展业务的施工图设计文件审查机构，均属检查范围。

2010年7月

★7月6日，中国勘察设计协会第五届会员代表大会在京顺利召开，住建部全国优秀工程勘察设计奖颁奖大会同时举行。大会通过了第四届理事会的工作报告、财务报告和修改章程报告，选举出了第五届理事会及其领导机构。住建部建筑市场监管司原司长、中设协第四届理事会副理事长王素卿女士当选为第五届理事长王素卿女士当选为第五届理事会理事长，中设协第四届理事会名誉理事长叶如棠、住建部副部长郭允冲、中设协第四届理事会理事长吴奕良被推举为协会第五届名誉理事长。北京工程勘察设计行业协会会长曲际水当选为第五届理事会副理事长。

★7月29日，为扶持和鼓励勘察设计测绘企业申办高新技术企业，帮助勘察设计测绘企业了解国家相关优惠政策，进一步提高企业的综合实力，北京市勘察设计与测绘管理办公室和北京工程勘察设计行业协会，在北京市市政工程设计研究总院共同举办了《勘察设计测绘企业申报高新技术企业政策辅导会》。会议邀请北京市科学技术委员会高新技术企业认定中心主任闫峰做高新技术企业政策辅导。近50家会员单位70多名代表参加了会议。

2010年8月

★8月13日，北京工程勘察设计行业协会民营企业工作委员会在北京东方华太建筑设计工程有限公司举办了“日本现当代建筑专题讲座和研讨会”，参会人员100余人。讲座聘请美国弗吉尼亚大学教授、日本建筑史研究专家黄运升先生做了《中国和日本建筑现代化的起步比较》的专题演讲，参会的各单位建筑师代表与黄教授就建筑体现的民族传统、时代精神、地方特色以及设计手法、表现技巧进行讨论。

★8月20日，由北京市规划委员会的主办，北京市勘察设计与测绘管理办公室和北京工程勘察设计行业协会在国家会议中心共同承办了《迈向世界城市的新建筑——2010年北京市勘察设计测绘行业工作会暨首届城市规划设计论坛》。北京市政府、住房和城乡建设部领导出席并讲话。市规划委领导以及来自本市及在京的规划、勘察、设计、测绘单位的代表近2 000人参加会议。

会议探索了当前和今后一个时期北京规划勘察设计和测绘的重点工作。会议对获得北京市第十四届优秀工程设计奖、第十一届优秀工程勘察奖，北京市轨道交通建设贡献奖，北京援建四川什邡、青海玉树、新疆和田的勘察设计测绘行业单位代表颁发了奖牌。还为获得政策性住房规划设计奖的设计单位颁发了荣誉证书。首届城市规划设计论坛邀请了国内外9位知名专家，围绕“服务北京建设，提高设计质量，提升设计水平”这一主题，就城市规划设计做了精彩的演讲。市政府陈刚副市长，住房和城乡建设部仇保兴副部长出席并讲话。市政府副秘书长徐波、张玉平，市规划委领导黄艳、王英杰、刘玉民，市规划协会、勘察设计协会领导参加了会议。

2010年9月

★9月20日下午，北京市勘察设计与测绘管理办公室同北京工程勘察设计行业协会联合举办“保障性住宅的实践与评审”公益免费讲座。邀请北京市建筑设计研究院总建筑师刘晓钟为与会代表讲解了保障性住宅的实践与评审需注意的问题，为参与政府保障住房工程设计人员提供技术指导。

★9月～10月，根据中国勘察设计协会提出的“关于共同做好勘察设计行业专题调研工作”的要求，北京工程勘察设计行业协会就我市勘察设计行业节能减排的成绩与问题、“十二五”期间勘察设计行业节能减排的任务、目标、措施和近2年～3年对协会工作的建议等问题，对30余家勘察设计单位下发了《工程勘察设计单位专题调查表》，召开部分行业专家与企业领导座谈会。对各单位提交的调查表和座谈会发表的建议等内容进行了整理汇总，收集有关资料，向中国勘察设计协会提交了行业调研报告。

2010年10月

★10月14～15日，北京市勘察设计与测绘管理办公室和北京工程勘察设计行业协会的“六省市勘察设计工作交流会”在北京召开。北京、天津、上海、重庆4个直辖市和河北省、深圳市勘察设计主管部门，北京市行业协会和部分勘察设计企业代表40多人参加会议。北京市规划委员会委员、北京市勘察设计与测绘管理办公室主任叶大华主持会议。住房和城乡建设部建筑市场监管司勘察设计处处长陈波等出席并讲话。

★2010年10月29日，北京工程勘察设计行业协会信息化建设交流会在京召开。协会副秘书长、北京市市政工程设计研究总院副院长穆祥纯主持会议。75家会员单位的信息化负责人、技术人员150余人参加了会议。在会上，穆祥纯副秘书长通报了中国勘察设计协会“十二五”信息化建设的主要思路。

2010年11月

★11月5日，北京勘察设计行业调研座谈会在北京工程勘察设计行业协会召开。本次座谈会由协会监事长于春普主持，9家设计院的代表参加座谈会。会上各家设计单位结合自身状况，总结“十一五”的经验，畅想“十二五”的发展规划。

★11月9日，北京市勘察设计与测绘管理办公室组织召开北京市“十二五”时期勘察设计行业发展规划编制工作研讨会。北京市规划委员会委员兼北京市勘察设计与测绘管理办公室主任叶大华主持会议，北京市规划委有关处室和北京工程勘察设计行业协会领导，以及在京勘察设计行业的20余名企业代表参加了会议。参会代表分别就编制行业规划的总体思路和主要方向，研究的方法和形式等问题提出各自的建议，大家对当前勘察设计行业和企业发展中遇到的实际问题和解决问题的设想进行了交流。叶大华委员提出，行业发展规划编制工作要按照市委、市政府提出的瞄准建设世界城市目标和市“十二五”规划编制工作要求，结合北京地区勘察设计行业特点，用发展和务实的角度进行规划编制工作，保证行业规划的切实可行性和有效性，进一步推动行业科学发展。应邀参加会议的社会科学研究院、高等院校和住房和城乡建设部政策研究中心的领导分别讲话，从不同角度对行业发展规划编制工作提出建议。

★11月～12月，北京工程勘察设计行业协会与北京城市规划学会等单位共同举办了“首都第十七届城市规划建筑设计方案汇报展”。汇报展以“人文北京、科技北京、绿色北京”为主题，展示规划设计行业近年来在京及京外规划设计的公共建筑、住宅及居住区、市政工程和城市规划项目等成果。41家规划设计单位的293个项目参加了汇报展。

展览期间，组织了“城市规划与城市设计”、“绿色建筑设计”和“世界城市的交通工程”等3个专题座谈会，30余家规划设计单位的技术负责人和规划设计师近70人次参加了座谈会。开展了公共建筑项目和市政工程项目的优秀设计方案奖的评选工作。通过展示、座谈、交流和评选优秀设计方案奖，大大促进城市规划设计水平的提高。经群众投票和专家评选，19家规划设计单位的57个项目获得优秀方案奖。

2010年12月

★12月3日，北京工程勘察设计行业协会与北京市规划委员会、西城区委区政府、北京城市规划学会等共同主办了北京历史文化名城保护报告会暨《北京人文地理·西城卷》发布会。来自北京历史文化名城保护相关领域的专家与学者共180余人会聚一堂，为北京的古城保护献计献策。5位代表分别从西城区文化规划制定、北京历史文化名城“十二五”规划、北京历史文化名城保护立法评估、北京名城保护、文化遗产保护工作的新进展5个方面做了论述。

★2010年12月3日，北京市规划委员会委员、北京市勘察设计与测绘管理办公室主任叶大华，北京工程勘察设计行业协会会长曲际水带领有关人员到会员单位——中建（北京）国际设计顾问有限公司调研。叶委员、曲会长一行在听取了中建国际设计顾问有限公司总经理赵小钧、CCDI北京区域公司总经理商宏、经营副总经理弋洪涛关于该公司近年来勘察设计工作汇报和开展BIM技术的应用情况。叶大华主任和曲会长听完报告后，充分肯定民营设计企业是工程勘察设计行业的重要组成部分，中建国际设计顾问有限公司为首都建设发挥了积极作用。并希望CCDI进一步加强自主创新能力，为把北京建设成世界城市做出新贡献。

★12月27～28日，北京工程勘察设计行业培训工作会在京举行，协会培训中心主任史钟璜做《2010年北京工程勘察设计行业执业注册人员继续教育培训工作总结报告》。副会长兼秘书长周荫如主持会议。有关设计院（公司）领导、代表近70人参加会议。大兴区常务副区长谈绪祥到会并讲话。

★2010年，北京工程勘察设计行业协会和北京市勘察设计与测绘管理办公室在行业内共同推选“北京地区勘察设计行业高新技术企业认定专家库”，该库包括：各主要专业技术人员和财务、经济管理人员。经“市勘设测管办”和协会汇总平衡后，报送市科委确认进入评审专家库。

★2010年，北京聚合电力工程设计有限公司和北京清尚环艺建筑设计院有限公司加入北京工程勘察设计行业协会，截至2010年12月底，协会会员单位达到446家。

★2010年，根据中央《关于开展工程建设领域突出问题专项治理工作的意见》精神，结合市政府的工作要求，北京市勘察设计与测绘管理办公室对全市4 954项招投标备案情况进行了排查分析，并与市发展改革委等部门组成联合工作组对相关项目进行抽查。经过全面认真的迎检工作，中央检查组对我市的专项治理工作给予了充分的肯定。

★2010年，北京市中小学校舍安全工程工作全面展开，北京市勘察、设计及施工图审查单位承担校安工程项目共929项，涉及14个区县。北京市勘察设计与测绘管理办公室积极协调市相关部门，妥善解决了校安工程项目产权性质多样，工程不满足现行消防规范要求、政府性批文不全等问题，严格规范手续办理，开展校安工程施工图设计文件专项抽审工作，并配合开展校安工程各项联席检查，及时交流发现的各类问题，有力保证了校安工程的进行。

★2010年，根据国家测绘局的统一安排，北京市勘察设计与测绘管理办公室扎实开展了全国地理信息市场专项整治相关工作，排查1万余个互联网地图可能存在问题的网站，向其他省、市、自治区转告网址215个，向国家测绘局上报131个，发出整改通知148份。

迈向世界城市的新建筑

2010年北京市勘察设计测绘工作会暨首届城市规划设计论坛召开

住房和城乡建设部副部长仇保兴

北京市政府副市长陈刚

北京市规划委员会主任黄艳

朱小地

乔全生

张永和

格里高利·艾伦

王引

曹嘉明

2010年8月20日，2010年北京市勘察设计测绘行业工作会暨首届城市规划设计论坛在国家会议中心隆重召开。行业工作会议部署了当前和今后一个时期北京规划勘察设计和测绘的重点工作，表彰了获奖项目和优秀单位。首届城市规划设计论坛邀请了国内外九位知名专家，围绕“服务北京建设,提高设计质量，提升设计水平”这一主题，就 城市规划设计做了精彩的演讲。 市政府陈刚副市长，住房和城乡建设部仇保兴副部长出席并讲话。市规划委领导黄艳、王英杰、刘玉民、施卫良，市规划学会、北京工程勘察设计行业协会领导，以及来自本市及在京的规划、勘察、设计、测绘单位的代表一千多人参加会议。

国家游泳中心

国家网球中心

杭州奥体中心

深圳大梅沙万科中心

深圳平安国际金融大厦